100% 合法だが、健康によくない商品の売り方

多国籍タバコ企業の弁護士、世界を行く

ジョシュア・クネルマン 著
田口未和 訳

中央公論新社

はじめに

これは自分勝手な理由から書かれた本だ。

一部の読者には、現在のタバコ産業を探求する書として、国際的マーケティングについての速習講座として、あるいは多国籍企業でビジネスキャリアを積むための入門書として、いくらかの価値があるかもしれない。本書で語るストーリーは一〇を超える国で展開する。そのため、好奇心旺盛な読者なら、単純にたくさんのスタンプが押されたパスポートを興味深く感じてくれるかもしれない。

しかし、私がこの本を書いたのは、私自身が喫煙者だからだ。そして、世界の歴史において最も議論を引き起こし危険とみなされてきた大衆市場向け製品にまつわる、世界を股にかけた冒険に心を奪われたからだ。

私がこの物語の主人公である男性と最初に出会ったのは、あるバーでのこと。酒のグラスを傾けながら彼の話を聞いた。タバコ産業の複数の多国籍企業で一〇年以上、社内弁護士として働いていたという彼は、話術がじつに巧みで、私はすぐに話に引き込まれ、彼の口から吐き出される情報と業界の秘密を吸い込んだ。長年にわたる容赦ない攻撃にもかかわらず、タバコ産業は繁栄している、と彼は指摘した。

その最初の会話のあと、私は自分自身が依存している製品についてほとんど何も知らないという事実にショックを受けた。そして、どうしても答えを知りたい疑問が浮かび、好奇心を掻き立てられた。そこで彼に二度目の取材を申し込み、その疑問をぶつけてみた。医療機関や科学者、世界中の政府からの数十年来の強烈な攻撃を、この完全にグローバル化された産業はどのように耐え抜き、製品を店舗の棚に置き続けることができたのか？　彼はうなずいて微笑むと、こう言った。「それこそ重要だが、答えるのが難しい質問だ」。私たちのインタビューはそれから一〇年にわたって続いた。

私は重度の依存症に苦しみながら、この誰もが知る危険な消費者製品を日常的に購入し使用していたが、この製品を世界に売り込むことを助けてきた人物から、それについて多くの知識を得るというのは、まったくばかげた話に感じられた。

私が彼の話を聞いて学ぶことを楽しんだのと同じくらい、世界中で繰り広げられてきたタバコのパラドックスの物語を、読者のみなさんが楽しみながら読んでくださることを願っている。

登場人物の名前は変えているが、語られるのは真実だ。これまで数千、数万本のタバコを吸ってきた喫煙者のひとりとして、私は自分の命を奪うかもしれない製品についてもっとよく知りたいと思った。そう思うのは、私だけではないだろう。

二〇二二年、トロントにて

ジョシュア・クネルマン

100%合法だが、健康によくない商品の売り方　目次

ジュディス・クネルマンとシルヴィア・オストリー、賢きふたりへ

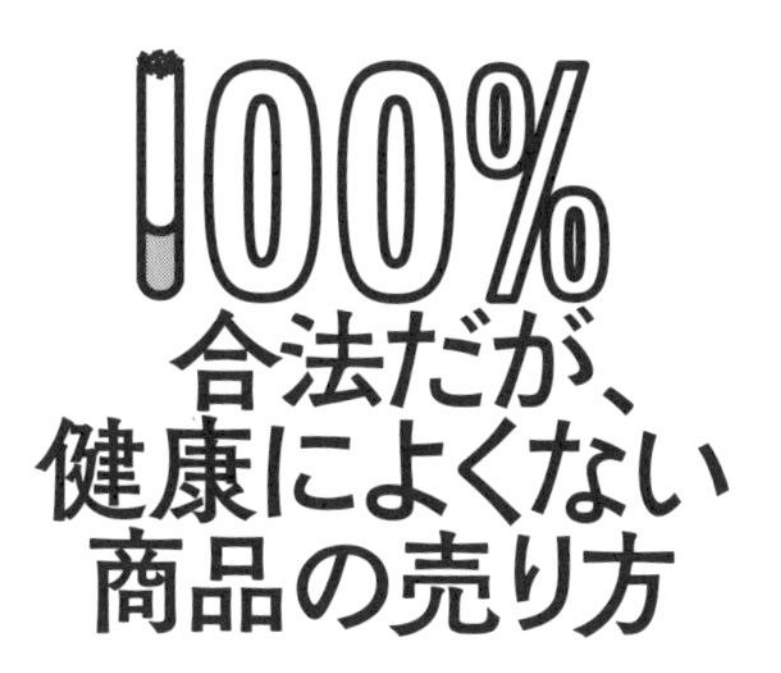

多国籍タバコ企業の
弁護士、世界を行く

「幻想こそ、すべての快楽の始まり」——ヴォルテール

一連の面接

十一歳までの彼の夢は、海賊になることだった。その後、次のジョニー・カーソン〔訳注／アメリカのテレビ司会者、コメディアン、俳優〕になると決めた。

そこで、カーソン司会のテレビ番組を放映していたNBCで働く道を追い求め、イギリス支社の報道局での職にありついた。しかし、働き始めて二、三か月もすると、ジャーナリズムではまったくお金を稼げないと気づいた。そのため、ロースクールに出願した。

いや、「出願した」という言葉は正確ではない。父親が彼にとっておきの戦略を授けた。一流のロースクール数校に問い合わせて、入学見込みの学生のなかに辞退者がいないかどうか探るのだ。彼は父親のアドバイスに従い、ロンドン中の大学の入学事務局を訪ね歩き、ついに運に恵まれた。あるロースクールで大学職員が彼に成績をたずねてきた。もちろん、成績証明書は持参していた。その女性職員は書類を見て、彼に視線を戻すと、もしその日のうちに入学手付金(デポジット)を支払えるのであれば、空席は彼のものになる、と言った。

彼はデポジットを支払い、イギリスでも指折りのロースクールに入学できた。それから二年間、猛烈に勉強し、最終試験に合格した。

イギリスで弁護士になるための道筋は、アメリカや彼が育ったカナダとは少し異なる。大学へ行き、ロースクールに進み、弁護士試験を受け、それから二年間、見習いとして働かなければならない。その後、事務弁護士になり、数年後にようやく独り立ちできる。弁護士の採用は完全に民間の法律事務所によって決定されるため、ロースクールへ行った者たちの多くが、実際には弁護士にならなかった。単純に十分なポジションがなかったからだ。

　彼はロースクール卒業時に再び運に恵まれた。ある娯楽産業専門の法律事務所から、わずかふたりの新人弁護士採用枠のひとりとしてリクルートされたのだ。さらによいことに、この法律事務所は高層オフィスビルではなく、ファッション地区の改装された倉庫をオフィスにしていた。まったくもって、ついている。彼がこの職に就けたのは、一流のロースクール出身だったことに加え、NBCでジャーナリストとして働いていたからでもあっただろう。そのジャーナリズムでの経験が彼の履歴書に花を添えた。

　これは一九九八年のことで、第二千年紀（ミレニアム）は彼にとっては願ってもない形で終わりを迎えるように思われた。二十四歳にして法律の学位を取得し、専門的な法律事務所の新米弁護士としてキャリアをスタートさせた。これは大きな夢の達成と言える。ただひとつ問題があった。新しい法律事務所の誰もがクールで洗練されていたが、彼はそうではなかった。

　この悲しい事実は、与えられた新しい職務にも反映された。彼はすぐにクールさとは無縁の仕事に割り振られた。広告、商標、ブランディングなどを扱う退屈な仕事だ。自分専用のオフィスも持てず、彼より魅力的で、もっと面白そうな案件を担当するもうひとりの弁護士とひとつの部屋を共有した。その同室者は女性で、レアという名前だった。「クール」とはまさに彼女のためにある言葉だ。レアは驚くほど美しく、背が高く、情熱的で、恋人はクラブミュージックシーンの有名なD

Jだった。ふたりはイタリアの城で結婚式を挙げる計画を立てていた。

彼にもフィアンセはいて、その女性に夢中になっていたが、彼らはヨーロッパの城で結婚式を挙げようなどとは思っていなかった。

レアとはウマが合った（じつを言えば、ロースクールでお互いを見知っていた）。ふたりが共有するスペースはかなり狭かったので、それはありがたいことだった。レアは彼の知的なところを尊敬していた（と彼は思っていた）。彼のほうはレアがとびきりおしゃれなところを尊敬していた。そして、これほど狭いスペースで一緒に働くのだから、彼女のクールさがほんのいくらかでも、自分に伝染してくれるのではないかと期待した。

それから約三年間、彼はこのこぢんまりとしたオフィスで、美しく才能あふれる同僚とともに働いた。当時はまだ、事務所からコンピュータを支給されず、与えられたのは音声レコーダーくらいだった。彼は契約や知的所有権に関する案件に集中した。タバコの煙が立ち込めるナイトクラブでの数多くの娯楽イベントに顔を出すのも仕事の一部だった。ナイトクラブは好きではなかったが、タバコを吸うのは好きだった。

ある午後、人材エージェントから電話がかかってきた。ヘッドハンターだ。

「大手多国籍企業での社内法務の仕事に興味はありませんか？」

その女性ヘッドハンターは、企業の名前はまだ明らかにはできないと言った。当然ながら、彼はすぐに興味を持った。

電話を切ると、彼は狭いオフィスで、この誘いのことをレアに話した。

ふたりは、誘いをかけてきた企業はおそらく、

（a）石油会社

（b）ポルノ雑誌帝国

のどちらかだろうと想像した。

レアは、彼ならどちらの業界でも優秀な働きをするだろうと言い、応援してくれた。

彼はヘッドハンターが告げた住所を走り書きしていた。そして、二日後のランチタイムに彼女と会うことにした。

その住所は、セントラルロンドンのシティにある大きなオフィスビルだった。彼はファッション地区の洗練されたオフィスから黒塗りタクシーに乗り、オーダーメイドのスーツを着込んだ人々が集まるビジネス街へ向かった。面接に行く途中は、まったく緊張していなかった。というのも、積極的に転職先を探していたわけではなく、自分からその職に応募したわけでもなかったからだ。

面接は比較的カジュアルな雰囲気だった。

ヘッドハンターの女性の名前は、仮にヘザーとしておこう。

ヘザーはスーツをしなやかに着こなした、いかにもシティのビジネスウーマンといったタイプだった。二十代後半か三十代前半で、まじめそうで、大きな青い目をしていて、シャンプーのCMに出てきそうな美しいブロンドの髪をこざっぱりと整えていた。一分の隙もなく企業人を具現化したような、細身のスカートに、ペールブルーのラルフ・ローレンのシャツ。その色は彼女の青い瞳を引き立たせた。

最初に彼女に見られたとき、彼は自分が商品として鑑定されているような気分になった。事実、彼は商品だった。会話は淡々としたもので、医者から服を脱ぐように言われ、それから体のあちこちを突つかれているみたいな感じだ。

「お入りください」。彼女が微笑んで言った。「少しお話しましょう」

ヘザーはテーブルの上に氷の入った水のグラスをふたつ置いた。彼は面接の間ずっと、ヘザーが水をちびちびと飲むしぐさ――グラスの冷たい水を静かに空にしていくときの口の動き――に見とれていた。自分が氷の世界に入り込んだような気がした。彼女は質問項目のリストを持ち、まず個人的な質問から始めた。

「一番最近の選挙では誰に投票しましたか？」

少し前に労働党のトニー・ブレアが保守党に圧勝し、首相の座に就いていた。

彼はヘザーに、自分が誰に投票したのかを告げた。

「自分の周囲の人たちが批判的に見ている産業で働くことにためらいはありますか？」

彼はヘザーに例を挙げてもらった。

「たとえば、石油会社などでしょうか」

「気にはならないと思いますが、正直なところ、わかりません」

つまり、相手は石油会社だったということか？

ヘザーは彼の国籍をたずねた。

カナダで生まれました、と彼は答えた。

次には在留資格について質問された。

自分はイギリス市民なので、ビザの問題はないと説明した。

ヘザーは彼のどの答えにもこれといって関心を持ったようには見えず、小さなノートにすべての答えを几帳面に書き記していた。質問は二〇分ほど続いたが、彼がどんな答えを提供しても、彼女は喜ぶことも不快さを示すこともなかった。彼は自分の弁護士としての能力についてはひとつの質問もなかったことに気づき、不思議に思った。

「それでは、またご連絡いたします」。彼女はそう言い、面接は終わった。

「ありがとうございました」

彼は黒塗りタクシーで法律事務所に戻った。

オフィスではレアが自分のデスクで待っていた。彼は数分かけて面接のようすを語り、きっと相手は石油会社だと思う、なんだか全体として奇妙な面接だった、と報告した。

レアと話している間に電話が鳴った。ヘザーからだ。

彼女の声は少しだけやわらかくなったように聞こえた。彼をファーストネームで呼び、二度目の面接に来てほしいと言い、候補日を挙げた。

彼はそのなかの一番遅い日付を選んだ。ちょうど仕事が立て込んでいたためだ。そのころはミュンヘンの欧州特許庁でクライアントと多くの時間を過ごしていた。これは愉快な仕事だった。参考までに言っておくと、特許を扱う弁理士というのは会計処理を何より刺激的と考える人たちだ。

面接の日付で合意すると、ヘザーは彼に、この二度目の面接には相手側企業の上級弁護士も同席する予定だと言った。彼は電話を切ると、自分はスーパークールな法律事務所で十分に稼げる仕事をしているのだと言い聞かせた。

レアは傷ついたそぶりで彼を見ると、こう言った。「このオファーを受けるつもりなのね。そうでしょう？」

「まだ何の仕事かさえ、わからないんだよ」

レアはふくれっ面になった。「私をここに置いていくのね」


二週間後、彼は再び黒塗りタクシーでシティに向かった。

今回、「ミズ氷水」のヘザーは彼を温かく迎えた。自分のクライアント企業にこれから加わるかもしれない人物のために、そう演じているかのように見えた。謎めいた多国籍企業の女性弁護士のほうは、おしゃれとは言いがたかった。ヘザーとは対照的で、気取ったところがなく、髪形もぱっとしない。これもヘザーとは対照的に、彼女はとびきり優しく穏やかで、最初の「こんにちは」のひと言から、とてもフレンドリーだった。正直で母親のような包容力があり、こちらをくつろいだ気分にさせてくれる。彼女のことはメアリーと呼ぶことにしよう。

三人は、氷水の入った三つのグラスを置いた小さなテーブルを囲んで座った。

ヘザーは時間を無駄にしなかった。さっそく新たな一連の質問が始まった。

「社員が賄賂（わいろ）を渡すように、あるいは真実ではない発言をするように求めたら、どうしますか？」

「そうですね、賄賂は渡しません。真実ではない発言もしません。弁護士としてのプロの立場を——そして法廷への義務を——どこまでも貫きます」

ヘザーは彼とクライアントを順に見て、うなずいた。

「正しい答えです」。彼女はそう断言した。

さらに倫理に関連した質問が続き、ヘザーは彼の返答をノートに書き留めた。

その後、多国籍企業の弁護士が彼に質問した。

「〇〇〇〇という名前を聞いたことは？」

「ありません」

「たいていの人は知りません。わが社は〇〇〇〇のタバコを製造しています。お聞きになったことは？」

「あります」

そして、メアリーは自分の会社が、自社ブランドの国際市場での保護とスポーツイベントのスポンサーシップの管理、そして、イギリス国内市場での法的問題を扱うために、弁護士を雇いたいと考えていると言った。ようやく、なぜヘッドハンターが彼に声をかけたのかが理解できた。娯楽産業専門の法律事務所で、彼は広告とスポンサーシップに関する案件を扱っていた。煙が立ち込めるナイトクラブで多くの夜を過ごしたのも、あながち無駄ではなかったということだ。

面接は思ったより短く、まだ彼の弁護士としてのスキルに関連したことは何も話し合っていなかった。そして、タバコに関する見解についても何も話していないことに気づいた。

面接を終えた彼は、レアと合流して一緒にランチを食べた。彼は奇妙な面接についての最新情報をすべて話した。

ランチを終えると、携帯電話が鳴った。当時の携帯電話はかなり大型だった。ポケットには入らない大きさだ。ヘザーからだった。彼女は今回の面接をどう思ったかをたずねてきた。

好印象だったと思う、と答えた。

ヘザーも同意し、三度目の面接をしたいと言ってきた。一週間ほどあとに、今度は多国籍企業の本社で。彼は了承した。

その面接の前に、この企業についていくらかリサーチを試みたが、多くの情報は得られなかった。企業ウェブサイトはない。これほど大手の、明らかに利益を上げている企業としては、少なくとも公開されている情報という点では、控えめすぎるように思えた。

本社はロンドン近郊にあり、車ならすぐの距離だった。

本社に到着すると、会議室のひとつに通された。壁に多くの広告用のグッズが並んでいる。会議用テーブルの中央には、未開封のタバコの箱で満たされた大きなボウルが置いてあったが、彼はここで吸うのはやめておくことにした。

三度目の面接にしてようやく、弁護士としての経験とスキルについて質問された。面接相手は満足したようだった。彼らの最後の質問は、「これまでの最大の達成は何ですか？」というものだ。

彼は頭のなかのリストを検討し、正しいと思える答えを見つけだした。

「美しい婚約者に出会ったことです。四か月後に結婚します」

相手側の担当者は面接に来てくれたことに礼を言った。

車に乗り込み、本社の敷地を離れようとしたところで、ヘザーがまた電話してきた。彼女は面接をどう感じたかをたずねてきた。

彼は前回と同じことを言った。好印象でした。

彼女も同意した。それで終わりだった。

翌日は連絡がないまま過ぎた。

その次の日、ヘザーが電話してきて四度目の面接に招いた。本社のダイニングルームで、今度は法務チームの何人かと会うことになる。彼は同意した。

当日、昼食を食べながら、イギリスの法務チームの何人かに紹介された。昼食は、小さな三角形にカットされたサンドイッチ（スモークサーモン、きゅうり、マヨネーズであえた卵、ツナ）、ソーセージロール、ボディントンビール、白ワイン、そして紅茶というメニューだった。

彼は少しとまどっていた。その場の雰囲気は、雇用面接というよりも仲間内でのパーティーといったところだ。彼はタバコをすすめられた。昼食に参加した何人かの弁護士は吸っていた。彼は前回の面接では控えていたが、今回は吸うことにした。

グループの人たちは友好的で、すでに仲間のひとりであるかのように接してくれているものの、仕事の話はいっさいしていない。例外なく、全員が非常に洗練されたアッパーミドル階級の、家族を大切にする人たちだった。誰もがリラックスしていた。

昼食後、メアリーが社内を案内してくれた。

ダイニングルームを出て廊下をしばらく進み、開かれたドアのところへ行った。広々とした部屋をのぞき込むと、大きな窓から外の木々と空が見える。高価なオフィス用チェアを備えたデスクの上には高品質のノートパソコンが置いてある。そのころ、パソコンは必需品になりつつあった。ビジネスコミュニケーションの新たなトレンド、電子メールのやりとりのためだ。それ以外の家具としては、戸棚、事務用キャビネット、会議用テーブルがある。デスクとテーブルの上には、凝った装飾の灰皿が二つ三つ置いてあった。彼が働いている法律事務所の狭い部屋とは対照的だった。

「ここがあなたのオフィスになる予定よ」。メアリーが言った。

まだ採用が決まったわけではないのに。

車でロンドンへ戻る途中で電話が鳴った。

ヘザーからだ。彼女は正式に職をオファーした。

提示された報酬は今の法律事務所でもらっている額より多かった。それ以外にボーナスの可能性があり、自社株購入権、驚くほど充実した医療保険パッケージ、ジムの会員権が与えられ、そして何より、会社から車が個人貸与される。彼はおんぼろのニッサン「マイクラ」〔訳註／欧州版マーチ〕――よくできたゴルフカート――に乗っていた。人にはよく、まるで電気掃除機を運転しているみたいだ、と話していたものだ。

今回はレアには報告しなかった。その晩、自宅に帰ると、婚約者と時間をかけて話し合い、合意に達した。このオファーはふたりがこれから一緒に築いていきたい生活に向けての新たな一歩になるはずだ。

翌日、事務所へ行くと、多国籍タバコ企業から約束どおり荷物が届いた。封筒には企業名は入っておらず、彼はレアが部屋を出ていくのを待ってから開封した。なかには内定通知書、企業方針に関する資料、健康状態に関する質問票、そして、会社から提供される車の選択肢と、それに関するさまざまな資料が入っていた。

この職を受けるにあたって、ひとつだけ彼を躊躇（ちゅうちょ）させたのは、倫理的な問題ではまったくなく、タイミングだった。

彼はメアリーに電話し、このオファーを受けたいと思うが、数週間先には結婚する予定で、結婚式と新婚旅行のプランは変更したくないと打ち明けた。

メアリーは、会社側の意向を確かめるまでもなく、すぐさま、それについてはまったく問題ないと言った。この会社が本当に彼を求めているのは明らかだった。翌日、彼は人材エージェントに電話し、オファーを受け入れた。ヘザーとはそれきりだった。

驚いたことに、今度は法律事務所が彼を引き留めようと対案を出してきた。

それは彼を格別な気分にさせたが、こちらのオファーについては一分たりとも考慮しなかった。その理由はいくつかある。台帳に記録してばかりの毎日より、企業で働くという考えに魅力を感じた。自分だけのオフィス、自分だけの社用車、自分だけの秘書を持てるし、変化しつつある刺激的な産業で働ける。弁護士として、この新しい仕事はスリリングに感じた。

ロケーションもある。その企業は、森もある美しく広大な土地に本社を構えていた。毎朝、地下鉄に乗る必要もない。その代わりに社用車に乗り込み、渋滞する道とは反対方向に走り、専用の駐車スペースに駐められる。

これは提示された報酬にかかわらず、間違いなくステップアップだった。

レアは打ちひしがれていた。あるいは少なくともそう装っていた。

弁護士は法律事務所を退職し、数日のうちには婚約者とともにレアの結婚式に出席するため、イタリアのトスカーナ州にある幻想的な雰囲気の城まで旅した。

レアの結婚相手はＤＪというだけでなく、音楽レーベルのオーナーでもあった。弁護士は他の招待客たちには溶け込めず、音楽業界の話題にもついていけなかった。そこにいる客たちが誰なのかもさっぱりわからない。あとになって、多くはイギリス音楽界のスーパースターたちだったと知った。

彼はいつも朝早く起きて一服する。それで、結婚式の朝もそうした。城のなかのレストランへ朝食を食べに行くと、ふたりのＤＪがすでにテーブルに着いていた。彼は一緒に座ってもいいか、とたずねた。もちろん、とひとりが言った。

彼はふたりに、ダンス音楽についてはほとんど知らない、と打ち明けた。

片方から、仕事は何をしているのかたずねられた。

ためらうことなく、彼は花嫁と同じ娯楽産業専門の法律事務所にいたが、今はタバコ会社の社内弁護士として働いていると言った。

ＤＪたちは興味を引かれた。ふたりとも喫煙者だったからだ。彼らは次々と質問してきた。

メディア対応の訓練を受けたこともなく、実際にはまだ一日も新しい会社で働いていなかったが、彼は自分がすでにタバコ弁護士であるかのように、そこでの仕事について話し始めた。彼に何が起こったのか？　それは彼自身にもわからなかったが、がんに関連した問題や、自分が加わろうとしている産業に向けられた激しい攻撃について話題にした。

その晩、結婚式が終わってから、彼が大きな葉巻をくわえていると、ＤＪのひとりがやってきて、タバコを一本取り出すと、彼を「タバコ友だち」と呼んだ。

弁護士と婚約者は、新しい会社での仕事が始まる前の晩にロンドンに戻った。夏の終わりの日曜の夜だった。すると、予定どおり、自宅のドアがノックされた。

スーツを着た男性が、「――――さんでしょうか？」とたずねた。

彼はそうだと言った。

「鍵をお渡しします」。男性は言った。

外にはブルーのサーブ〔訳注／スウェーデンの自動車メーカー。当時はＧＭの子会社〕が停めてあった。コンバーチブルでタンカラーの革張りシート。保険は完備され、ガソリンも満タンだ。

翌朝、彼は早起きしてサーブに乗り込み、さっそく運転した。外はまだ空気が暖かかったので、幌を開いた。主要道路を走り、高速には乗らずに、ロンドンを離れてサリー州を抜けていく。思ったとおり、渋滞とは反対方向だ。ほとんどの車が逆方向に向かい、その列が何キロも続いている。そんな渋滞を横目に、彼の車はすいすいと流れるように進んだ。開いたままのセキュリティゲートを過ぎ、樹木で覆われた谷間の歴史地区に入る。彼は道路から少し入ったところにある美しい建物の駐車場に車を駐めた。

建物のなかに入ると、受付がふたりいた。どちらもタバコを吸っていた。彼は警備デスクに立ち寄り、自分が何者であるかを説明した。警備員は彼にゲスト用のパスを手渡し、誰かが迎えにくるまで座って待つように言った。

ロビーの中央には、Ｆ１のレーシングカーの大きなレプリカが置いてある。この企業のロゴで装飾され、圧巻だった。車が輝きを放っている。彼はカウチに座って、それに見とれていた。少年に戻ったような気分だ。

近くのテーブルの上には、訪問客用のタバコと新聞が置いてある。彼は両方を手に取った。ロビーは人の出入りが多く、その大部分がタバコを吸っていたので、彼も火をつけた。二十六歳の彼は、誰かにひょいと海賊船に乗せてもらったように感じた。

公衆衛生局医務長官の警告

タバコを吸ったことがない人は、おそらくタバコを吸うことで得られる満足感を理解できないだろう。

多くの喫煙者にとって、それはオーガズムを得るにも等しい。真空パックされたタバコの箱のフィルムを開き、アルミ箔を破り取り、箱を腕にトントンと当て、新鮮なタバコのにおいを嗅ぐときの高揚感といったら。火をつける前のタバコのフィルターを手にして、唇の上を転がしてみる。それからマッチをすって火をつけ、煙を吸い込み、タバコとフレーバー、添加物の最初の味わいを確かめる。

ニコチンが血流に流れ込み、五感を鈍らせる。この感覚には、欧米市場で手に入る合法的なバルビツール酸系催眠薬や麻酔薬のどれひとつとしてかなわない。タールがのどの奥を通り、食道をヒリヒリさせる。肺に煙を数秒間とどめ、鼻か口から吐き出す。この反復的な行為から得られる快感はなんとも説明しがたい。ここで言っているのは筋金入りの愛煙家たちのことだ。彼らはわかっている。喫煙者が得る喜びに匹敵するものはない。アルコールなど到底およばない。

この一見シンプルな嗜好品は、吸い込むという単純な行為によって、優雅に薬物を体内に送り届ける。そして、使用者がやめられなくなるように完璧にデザインされている。タバコを一本吸えば、不思議なことに、もう一本、さらにもう一本吸いたくなる。喫煙を経験したことのある人なら誰でも、この渇望感、そしてその渇望を満たす快感を知っている。

一度吸い始めると、一本一本のタバコが満足を与えてくれる。そして、産業革命と製造工程の機械化のおかげで、すべてのタバコがまったく同じ経験を約束してくれるものになった。特定の分量のニコチンが脳に供給され、ドーパミンが分泌され、その瞬間に――モーニングコーヒーと一緒にでも、ランチ休憩のときでも、厄介な話し合いのあとでも、夕食後でも、飲酒後でも、セックス後でも、眠る前のくつろぎのひとときにでも――満足感を得られる。タバコを吸いたいという喫煙者の欲望に終わりはない。

本書の主人公である弁護士は、自分にとっても、他のすべての喫煙者にとっても、喫煙がそれほど体に悪いものではないことを願っていた。

彼はいつも、タバコの箱に何の説明書きもないことを興味深いと思っていた。ほとんどの消費者向け製品には、使用法の説明書きがある。しかし、タバコ製品にはどのように使用するかについての説明がまったく書かれていない。もし宇宙人が地球にやってきてタバコの箱を見つけたとしたら、何に使うものなのかわからないだろう。これは食べるものなのか？　スティックに火をつけて使うなどと、誰が思いつくだろう？　私たちだって、誰かが実際にそうするのを見て、はじめて使い方を知ったはずだ。

弁護士は母親がタバコを吸う姿をよく見ていた。そのタバコの箱に見とれていた。母親が吸うのはいつもフランスのタバコで、「ジタン」か「ゴロワーズ」だった。そのスタイリッシュな箱の色とデザインに目が引きつけられた。そのうち母親はタバコをやめてしまったのだが、それがいつのことだったかははっきり覚えていない。父親も喫煙者で、こちらはパイプか葉巻を好み、専用の喫煙室をつくって、ブランデーグラスと家族の写真を置いていた。父親は毎朝、『グローブ・アンド・メール』紙を隅から隅まで読み、日曜日には『ニューヨーク・タイムズ』紙も読んでいた。『エコノミスト』誌、『ニューヨーク・レビュー・オブ・ブックス』誌、『ニューズウィーク』誌が家中に散らばっていた。弁護士は両親との会話のなかで喫煙の危険について話した記憶はなかったが、どの親もそうだったように、自分の両親もきっと息子にはタバコを吸ってほしくなかっただろうと思っている。

はじめてタバコを吸ったのは十五歳のときだ。マリファナにも他の薬物にも興味を持ったことはなく、手を出したのは普通の紙巻きタバコだけだった。

ある日、トロント市内の高校から家に帰る地下鉄の駅で、売店に立ち寄った。彼は童顔だったが、背筋を伸ばし、できるかぎり自信に満ちた深みのある声で、「バンテージをひと箱」と言った。

なぜバンテージだったのか？　売店のカウンターにバンテージの広告があり、そのデザインが気に入ったからだ。青と赤の標的をあしらった上品なロゴだった。

売店の男性はカウンター越しに彼をじろりと見ると、後ろの棚に手を伸ばし、バンテージをひと箱つかんで、カウンターの上を滑らせてこちらに寄こした。そして、この若い客に、正規の値段の倍額を要求した。もちろん、彼は言われた額を支払った。

家に着くとガレージの奥へ行き、外側のフィルムをはがし、白いスティックを口にくわえ、マッチをすった。タバコを吸い込み、咳き込んで、煙を吐き出した。いい気分にはならなかったが、もう一度吸い込んだ。二度目は楽に吸うことができた。

弁護士が十代のころに見た映画――『スタンド・バイ・ミー』『セント・エルモス・ファイアー』『ブレックファスト・クラブ』『ロストボーイ』――のなかでは、誰もが若く、不安に揺さぶられ、思春期の自分自身を嫌って、タバコをくわえて歩き回っていた。テレビでは『マイアミ・バイス』が人気で、刑事役のドン・ジョンソンが、夜の海辺で物思わしげにタバコをくわえて愛車のフェラーリに寄りかかった。彼がパトロールする、悪がうごめく大都会の明かりが黒い海面に映り込んでいた。刑事は、麻薬の売人をこらしめたあとで、タバコを一服するのが好きな正義漢だった。

弁護士が最初に仲間と一緒にタバコを楽しむことを学んだのは、ボーイスカウトのキャンプでのことだ。週末、キャンプファイヤーを取り囲むと、その大きな炎を真ん中にして、タバコを吸う少年たちの顔にも小さな赤い火が灯った。彼らは木の枝で燃えさしをつつきながら、いろいろな話をした。家では、彼のアイドルはアメリカのトーク番組の大物司会者ジョニー・カーソンで、高校時代を通じて夜な夜なその番組をテレビで見ていた。カーソンはなんとすばらしい人物だったことか。好奇心旺盛で、親しみやすく、繊細で、面白おかしく、おしゃれで、タバコを愛していた。

「タバコ、酒、セックス、美食をすべてやめた男を知っている。その男は自殺するその日まで健康だった」。カーソンの言葉だ。

弁護士が一日ひと箱ペースの喫煙者になったのは、イギリスの大学に入ってからのことだった。そのころに、目覚めてまずタバコを一本吸うのが習慣になった。一九九〇年代のヨーロッパとイギリスでは、どこでも喫煙が可能だった。電車のなかでも、映画館のなかでも、バーやレストランでも。まさに喫煙者にとってのパラダイスだった。大学の寮にはタバコの自動販売機があり、自室に戻る廊下で火をつけることができた。彼は筋金入りのヘビースモーカーになり、そんな自分に満足していた。

それは正しいことのように思えた。彼は若くて体力もあり、楽に呼吸ができた。

もちろん、喫煙の悪影響については気づいていたが、人々がそれについて話さない環境に住んでいた。誰もタバコの害など気にしていないように見えた。そして、そうした有害な影響の証拠となるような変化を自分自身で経験することもなかった。

一九六〇年代半ばまで、タバコ会社は自社製品の広告に多大な予算を投じて、あらゆる媒体——テレビ、新聞、雑誌、ラジオ、屋外看板、そしてもちろん、大規模なスポーツや文化イベントの後援——を通して宣伝し、それに対して批判もされなかった。喫煙の黄金時代だった。たとえば、テレビドラマ『マッドメン』を思い出してほしい。舞台となる広告会社にとんでもない大金が流れ込み、オフィスのなかはタバコの煙が充満していた。

一九四〇年代と五〇年代には、医者が患者の診察をする間にタバコを吸うのもめずらしくなかった。そして、さまざまな病気の治療にタバコを処方することもめずらしくなかった。不安を鎮め、体重を減らし、うつ状態の回復にも役立つと考えられていた。メディアでは、喫煙は魅力的な習慣として描かれ、健康にもよく、性的魅力を高める確実な方法とされた。

しかし、一九四〇年代の終わりには、リチャード・ドールという医師が世界の誰よりも早く、喫煙はギャンブルで、命さえ奪いかねないと証明する科学的証拠を集めていた。

リチャード・ドールは一九一二年に、グレーター・ロンドンのハンプトンで生まれた。医学を学んでいたが、第二次世界大戦中は士官を務めた。彼は喫煙者で一日に五本ほど吸っていた。戦後はロンドンに戻り、キング・カレッジに入学し、そこで医学研究の道を追求した。のちに世界でも第一線の疫学者となる。

一九四九年には、同じくロンドンの疫学者だったオースティン・ブラッドフォード・ヒルとともに、イギリス医学研究審議会で働いていた。ふたりの研究者は、なぜ二〇世紀前半にイギリスの肺がん発症率が急上昇したのかを突き止めようとした。彼らは人間の体を侵略する発がん性物質を周囲のあらゆるもののなかから見つけだすことに没頭した。昔気質（かたぎ）の探偵のような仕事ぶりだった。

ふたりの医師探偵はまず、イギリスの道路を拡張するために使われていたタールか、戦後の好景気の時期に多用された他の有害な合成物質が原因ではないかと考えた。彼らの調査手法は、単純で直接的なものだ。ロンドンの病院にいる肺がん患者と接触し、調査に協力してもらう。同意した患者に、家族の病歴、食習慣、職業、これまでにかかった病気などをたずねる。その結果、肺がん患者六四九人のうち、非喫煙者はふたりしかいなかった。

ドールはすぐさま、一日に五本吸っていたタバコをやめ、タバコと肺がんの因果関係について、もっと調べようとさらに研究に没頭した。

一九五〇年に発表した最初の報告書で、ドールとヒルは喫煙と肺がんの関係を断定した。その報告書は他の研究者たちの間では好意的に受け止められなかった。誰も悪い知らせを聞きたいと思っていなかったからだ。結局のところ、医療関係者を含めて大勢の人がタバコを愛用していた。医師や研究者たちは、自分たちも好む消費者製品であるタバコに火をつけることが、明るいと信じていた将来に影を落とすかもしれないなどとは信じたくなかったのだ。

ドールとヒルは再び協力して研究をさらに推し進めた。今度は肺がん患者ではなく、別のグループを調査対象にした。タバコを吸う医師たちだ。

彼らはイギリス国内にいる約六万人の医師に手紙を書いた。もちろん、当時のことだから、電子メールではなく郵便で送る個人宛の書状だ。そのなかで彼らは医師たちの喫煙習慣と、健康に関連した問題についてたずねた。それは巧妙な計画だった。医療コミュニティにいる者たちは、ドールたちの以前の発見を信じようとしなかったが、それならば、自国民の健康を預かる医師たち自身から集めたデータを突きつけようというのだ。

四万人以上の医師が彼らの喫煙研究に協力するという返信を寄こした。ドールとヒルは、一九五四年発行の『ブリティッシュ・メディカル・ジャーナル』誌で、他の研究者による査読を済ませた新しい研究結果を発表した。

そのレポートは画期的な内容だった。

以前の調査で示唆していたように、新しい報告書は喫煙と肺がんの因果関係を明確に提示した。調査結果は注目すべきもので、証拠は否定しようがなく、今回は影響力を持った。大西洋の両側で、医学研究者、科学者、政府機関の目に留まった。実際には、その報告書は地方で働く多くの医師がすでに気づいていた真実を明らかにするものだった。地方の医師たちは、それ以前からタバコのことを「棺桶の釘」――命を縮めるもの――の俗称で呼んでいた。

しかし、タバコの使用と肺がんの関係性を、それまでで最も強い科学的証拠とともに確立したのはドールとヒルだ。彼らの研究はその一〇年後、アメリカの公衆衛生局医務長官がこの政府機関の科学研究の力をアメリカ市民に解き放つ道を開いた。

一九六四年にすべてが変わった。

この年、公衆衛生局医務長官が、アメリカでの大々的な科学的調査結果に基づいた、画期的な報告書を発表した。アメリカ医学会のトップがはじめて、大きな影響力を持つ健康科学者や医療研究者の一団とともに、タバコの消費と、がんを含むさまざまな深刻な病気の間には因果関係があると断定したのだ。

ほとんどの人はこの報告書を発表したルーサー・テリーの名前を知らなかったが、一九六一年から一九六五年まで第九代の公衆衛生局医務長官を務めた人物だ。テリーのこの報告書が、今では誰もが当然のこととわかっている事実を明らかにした。つまり、喫煙は人の命を脅かし、とくに喫煙と肺がんには直接の関係があるということを説明したのだ。

テリーの報告書は世間に衝撃を与え、その波紋はやがて、反タバコ感情の大きな波を形成して社会の本流となっていく。一九六九年からは、アメリカで販売されるすべてのタバコのパッケージに、次のような警告文の表示が義務づけられた。「警告——公衆衛生局医務長官は、喫煙が健康に有害であると判断しました」。

大部分の人は、世界で最も人気のある印刷文書は、聖書かコーランだと思っていた。しかし、一九六四年の医務長官の報告書は印刷文書の歴史において、最も引用される出版物になった。そのフレーズは世界中のほぼすべての国で毎年製造され販売される、数十億個ものタバコの箱に、警告文としてあらゆる言語で印刷された。

弁護士が成長し、タバコを吸い始め、大学、さらにはロースクールへ進学するまでの年月に、反タバコ運動の波が力を蓄えていった。

もちろん、反タバコ運動の波はそれ以前からあり、何世紀もの間にやってきては去っていった。ドールの研究やアメリカの公衆衛生局医務長官の報告書よりずっと前からだ。そうした運動は必ずしも身体的健康と関連したものではなく、また、初期の運動には、罰金、あるいは国の最高位の医師からの警告よりもはるかに残酷な制裁を含むものもあった。

四〇〇年ほど前、喫煙習慣は山火事のように世界中に広まった。植民地探検家たちによって南米からヨーロッパにタバコが輸入されてから数十年のうちに、当時の最も有力な支配者の何人かは、喫煙の習慣が根づく前にタバコを一掃しようと試みた。どこかの王国や都市国家の統治者が、町の通りを訪れてみたら、目にするのは市民の口や鼻から灰色の霧が流れ出ている光景ばかりだとしたら、と想像してみてほしい。なんと不気味であることか。

宗教的指導者たちも喫煙を禁止しようとした。教皇ウルバヌス七世とインノケンティウス十世は、聖職者たちの喫煙を禁じた。どちらの教皇も、旧世界の教会の慣習が新世界の国々の土着の伝統と結びつくことを好まなかった。これら新世界の国では、霊的な領域との交信にタバコを使っていた。こうした初期のカトリック教会による反タバコ運動がどのような結果をもたらしたかについて、私たちはよく知っている。イタリアへ旅したことのあるみなさんならおわかりだろう。

一六〇〇年代の一時期、オスマン帝国やロシアでは、喫煙に対する処罰は死罪だった。現在、トルコとロシアはいずれも世界でとくに喫煙率が高い国に数えられる。一方、ヒマラヤ山脈東部では、小国のブータンが一七二九年に早くも禁煙法を成立させた。

喫煙の抑止を試みる初期のアプローチのほとんどは短命に終わった。依存性があまりに強く、喫煙で得られる快感はあまりに強烈だった。

どれほど強権を発動できる指導者でも、どれほど残忍な罰則をもってしても、喫煙習慣が広まるのを止められなかったようだ。タバコは地球上のあらゆる地域の文化――と人々の肺――に入り込み、地球村の全域で住民が喫煙するようになった。

イギリスのジェームズ国王は、喫煙の広まりを止められないと気づき、抑制をあきらめて代わりにタバコに課税することにした。そして、この新しい製品の販売を王家が独占した。タバコ税はその後、多くの統治者や政府が採用する戦略となる。

科学者たちの間で、喫煙とがんや心臓病との関係を立証する研究がはじめて実質的な進展を見せたのは、それから何世紀も経った一九三〇年代のことだ。研究者のなかにはドイツの科学者たちもいた。ドイツではナチスのプロパガンダと戦争挑発行為が健康情報と絡み合い、アドルフ・ヒトラーは喫煙が堕落した者たちが依存する有害な習慣であると宣言した。ナチスの軍隊が世界中に進軍するとともに、ヒトラーはタバコとの個人的な戦いを遂行し、新しい税金を導入し、喫煙を禁止した。ナチスが敗北すると、ドイツ帝国の反タバコ運動も衰退し、一九五〇年代には東西両ドイツで喫煙率が急増した。

どの反タバコ運動も最終的には失敗し、国民のニコチン依存を根絶する方法はないように見えた。

しかし、一九六四年のアメリカ公衆衛生局医務長官の報告書が、その流れを変えるものとなったようだ。

ルーサー・テリーの報告書の波紋は三〇年以上の年月をかけて大きな波となり、一九九八年にアメリカのタバコ産業に押し寄せた。この年、アメリカ最大手のタバコ会社四社と四六州の州司法長官の間で、「基本和解合意（MSA）」と呼ばれる画期的な法的合意が成立した。

マイケル・マン監督の映画『インサイダー』は、そのドラマチックな背景の一部を描いたものだ。ブラウン・アンド・ウィリアムソン・タバコという企業で研究開発部長を務めるジェフリー・ワイガンドが、CBSの調査報道番組『シックスティ・ミニッツ』で内部告発をして一躍有名になった。

ワイガンドはこの番組のなかで、大手タバコ会社は一九六四年のテリー医務長官の報告書よりずっと前から、喫煙が有害であることを知っていたと主張した。また、ニコチンには中毒性があり、タバコ会社は製品に含まれるニコチン量を操作していたとも言った。ワイガンドが登場した番組は、一九九六年に放映された。その二年後、タバコ関連の医療費の補償を求める数十もの州との訴訟が長引き、数十億ドルものコストがかかるのを避けるため、タバコ会社は「基本和解合意」の取引に応じた。以後、タバコ産業は和解金として永続的に一定額を毎年支払い続けることになった。最初の二五年に最低でも二〇六〇億ドルという巨額である。

それは、突然回収されたとしたら、世界のほぼすべての産業、おそらくはいくつかの国さえも崩壊させるような数字だ。なぜアメリカの主要産業が、あまりに不利と思えるこの取引に同意したのだろうか？　何といっても、この産業の製品は一〇〇パーセント合法で、とにかく人気があったというのに。

ここで少し、自動車のことを考えてみよう。弁護士はロースクール在学中に、巨大産業に対する大掛かりな訴訟に関連した懲罰的損害賠償の概念について学んだ。アメリカでの最も有名な事例は、世界でも最大級の自動車メーカーであるフォードに対して持ち込まれた訴訟だった。

一九七〇年代、フォード・モーター・カンパニーは大衆向けの「フォード・ピント」を開発した。この新しい車は無事に工場での生産工程に進み、出荷の準備も整った。そのとき、社内での走行テストで、側面に衝突されるような特定の状況下では、燃料系に引火するかもしれないという設計上の欠陥が見つかった。

法廷での証言によれば、車をリコールして問題を解決する代わりに、フォードは別のビジネス戦略を追求した。衝突事故の結果として顧客やその家族に支払わなければならない損害賠償金と、リコールして設計をしなおすコストを比較計算した結果、製造を打ち切って最初からやりなおすよりも、現状のまま何もせず、訴えられたら賠償金を支払うほうが安上がりだと結論したのだ。この不快な計算が含まれるフォードの内部資料が、法廷と陪審員の目の前に次々と証拠として提示された。当然のことながら、ピントの販売が続くとともに、事故で負傷する人が増え、激しい爆発で命を落とす人もいた。

提起された訴訟のなかでも、「グリムショー対フォード・モーター・カンパニー」に関しては、法廷は原告のリチャード・グリムショーへの一億二〇〇〇万ドルの懲罰的損害賠償を認めた。それは驚きの額だった。誰もこれほど大きな数字を予想していなかった。

懲罰的損害賠償の概念は、その名称が示すとおり、法制度により、引き起こされた損害に応じた通常の賠償金よりも高額の支払いを義務づけるというものだ。ピントの訴訟は企業に新しい恐怖を与えた。法廷は基本的に、悪質な行動をとった企業を罰することができる。そして、ピント訴訟は、実際に法廷がその判決を下しうるのだと証明した。もし財政的な痛手が行動を変えるのであれば、企業の規模が大きくなるほど、懲罰的賠償金の額も高くならなければならない。

フォードは巨大企業ではあったが、アメリカの最大手のタバコ会社四社を合わせれば、それより大きな規模になることを頭に入れておいてほしい。それゆえ、ピント判決後、法曹界ではひとつの疑問が浮き彫りになった。もしこれら大手タバコ会社がアメリカの法廷で懲罰的損害賠償を科されるとしたら、何が起こるだろう？

その途方もない、もしかしたら数兆ドル規模になるかもしれない疑問の答えを知る者はいなかった。

もうひとつ、考慮すべきことがある。タバコの圧力団体はワシントン政界に強大な影響力を持っていた。

紙タバコは、製造、生産、マーケティング、そして販売と流通という点で、紛れもないビッグビジネスだった。タバコはアメリカの健全な農業生産物であり、贅沢(ぜいたく)な税収源であり、少なくとも数千万人単位の忠実な顧客に愛される製品だった。

しかし、それだけではない。この産業はかつて、独立直後のアメリカ経済の礎となり、タバコの物品税はまだ若い国家の税収の三分の一を占めたという推計もある。アメリカ連邦議会議事堂を支えるコリント様式の柱の柱頭に、タバコの葉のエンブレムをあしらったものがあるのも、それが理由のひとつだろう。

一九九〇年代には、タバコ産業に対する訴訟の脅威が増大し、業界内部に不安を引き起こし始めた。アメリカでは損害賠償命令が下された多くの事例がニュースの見出しを飾ったが、しばしば控訴審で覆された。当初一億二〇〇〇万ドルだったピント訴訟の場合には、賠償額は二〇〇万ドルにまで劇的に引き下げられた（ひとりの市民が受け取る額としては二〇〇万ドルでも高額だろうが、大企業が支払う額としてはそれほど大きな負担ではない）。

アメリカの司法制度は、民事の問題で陪審員裁判が行なわれるという点で興味深い。そこで、こんなシナリオを用意してみた。あなたは肺気腫――あるいはタバコ使用に結びつけられる二五〇の病気のどれでもかまわない――を患う病人につき添って法廷へ行き、陪審員から見える場所でその人のそばから離れずにいる。その人は人工呼吸器につながれて座り、法廷の対面には高級スーツを着たタバコ会社の重役たちの一団がいる。あなたは、この産業が製造する恐ろしい製品さえなければ、その病人――神を畏れ、勤勉に働くアメリカ人――は、健康で幸せでいられたはずなのだと主張し、陪審員の心を動かそうとする。

陪審員団はどのような判断を下すだろう？

もしタバコ産業が杜撰（ずさん）な行動をとっていたと示すことができれば、いくつかの国のGDPを上回るほどの大金を勝ち取れるだろうと考える弁護士もいた。エリン・ブロコビッチ〔訳註／一九九三年、大企業を相手に環境汚染に対する訴訟を起こし、多額の和解金を勝ち取った女性。二〇〇〇年に映画化された〕的な瞬間が待ち構えているかもしれない。

懲罰的損害賠償　＋　公衆衛生局医務長官の警告　＋　反タバコ運動の波

＝　タバコ会社からの$$$$$$$$$$$$$$$$$$$

この方程式にもうひとつのXファクターを加えよう。誰も実際のところ、何がかんの原因になるかを知らなかったという事実だ。

喫煙は確かに、一部の喫煙者にがんを引き起こした。しかし医療現場では、なぜすべての喫煙者ではなく一部の喫煙者だけが、がんになるのかがわからずにいた。それはまだ科学の謎のひとつとして残っている。きっと私たちの子どもたちの世代が、私たちすべてが夢見るよりよい将来にこの謎を解き明かしてくれるだろう。

それでも、今では誰もが喫煙のリスクを知っている。タバコの箱の警告表示を無視するには、現実逃避して北朝鮮にでも住まなければならないだろう。「警告表示義務違反」というフレーズは読んで字のごとくだ。警告表示義務を怠る企業は罰される。この世界に、喫煙ががんの原因になること、タバコは健康に悪く、命取りにさえなることを知らない大人はひとりもいなくなった。これもすべて、ルーサー・テリーの報告書と、おびただしい数のタバコの箱に印刷された警告文のおかげだ。

その一方で、野心的な一部の法律事務所のもとに信じられないほどの大金が舞い込む日が待ち構えていたように思われたものの、喫煙とがんの関係性を証明し、訴訟という複雑なシナリオに生じる数々の障害を避けて通れる者はいなかった。

そうしたなか、一九九〇年代半ばにジェフリー・ワイガンドが公の舞台に姿を現した。ちょうど、弁護士がロースクールに入り、筋金入りのチェーンスモーカーになったころだ。

アメリカの大手タバコ会社で研究開発部門を率いていたワイガンドは、タバコ会社は自社製品に中毒性があり、使用者の命を奪う可能性があることを知っていたが、それを世間に知らせなかったと主張した。ワイガンドは証拠を手にしていた。内部文書と自らの経験だ。これでゲームの流れは変わった。もう警告の欠如が問題ではなくなった。製造会社が証拠を隠して公表しなかったことが問題だった。これは、「関連情報の留保」と呼ばれた。

ワイガンドによる告発は、アメリカ政府にとっては大きな関心事だった。喫煙によって健康を害した数百万の国民のために莫大な医療費を負担していたからだ。ワイガンドがプライムタイムのテレビ番組に出演したあと、新たな訴訟の波が現実の脅威となり、その裏では、多くの州が協力してタバコ会社を追い詰める戦略を模索していた。タバコ産業は守勢に立たされ、背後には断崖が迫り、その下で待ち構えるのは財政破綻だった。

ここでもうひとつ、さらなるXファクターを加えてみよう。アメリカ連邦政府に重くのしかかる政治的圧力だ。

当時のクリントン政権では、大統領と顧問たちが大手タバコ会社と多くの州の間で対決の気運が高まりつつあることを危惧していた。政権は歴史の長い主要産業をたたきつぶす舵取りをしたくはなかったのだ。

クリントン政権はタバコ産業を規制したいとは思ったが、そのための方法がわからなかった。多くの国がそうしているように、タバコ製品により重い税を課すことも考えたが、ここアメリカでは、国民は税金を嫌う。そして、子どもと青少年を守るために、タバコの広告を制限したいと思ったが、憲法が言論の自由を保障していた。政権は、消費者にさらに課税することはできないと結論した。そして、言論の自由を制限するような新しい法律を制定することもできなかった。

それでは何ができたのか？

何とか打開策を探ろうと、政府は一か八かの賭けとして、タバコ産業との二年におよぶ複雑な対話を開始した。最終的な提案は、各州が起こそうとする訴訟から大手タバコ会社を守る代わりに、タバコ産業は多額の和解金を支払うことに同意するとともに、製品の大部分の販売と広告を自発的に抑制するというものだ。

ワイガンドと各州の司法長官に追い詰められたタバコ産業に、多くの選択肢はなかった。そこで、ワシントンでのロビー活動をやめることに同意した。また、製品のマーケティングと広告を制限することにも同意した。そして、喫煙の危険について消費者の認知を高めるためのプログラムを増加することにも同意した。たとえば、ワシントンを拠点とする非営利団体のトゥルース・イニシアティブは、若者に喫煙の危険性を教えることに専念している。さらに、タバコ産業はタバコ製品の購入に制限を設けるようにもなる。

製造会社が自社製品への消費者のアクセスを制限する。それはアメリカでは稀有なことだった。

おそらく、この和解で何より重要だったのは、タバコ産業が最初の二五年間に二〇六〇億ドルの支払いに同意したことだ。

二〇〇〇億ドルを超える和解金。

この数字をイメージできる例を挙げておこう。二〇一六年、メキシコの麻薬王で起業家のエル・チャポは、『フォーブス』誌が彼の資産を一〇億ドルと推計したと言った。世界で最も成功した麻薬王が一生をかけて手にした利益だ。この数字については正確ではないと仮定しておこう。というのも、これは麻薬王国の話なのだから。

もっと健全な例を挙げてみよう。アップル社は数多くの画期的製品を発表してきたが、ｉＭａｃ、ＭａｃＢｏｏｋ、ｉＰｏｄ、ｉＰａｄ、ｉＴｕｎｅｓ、そしてｉＰｈｏｎｅの発表後、創業から四〇年間で約二〇〇〇億ドルの資産を築いたと見積もられる。

次は星の数について。私たちの空に見える太陽は銀河系にあるおよそ二〇〇〇億の星のひとつであると推測される。

同じ数字の巨額のお金がタバコ産業に要求され、州の医療と禁煙プログラムの資金として使われるのだ。大手タバコ会社はすべて、このプログラムへの参加を「奨励」され、実際にすべての大手タバコ会社が参加した。

そうするしか道がなかったのだ。


この取引でタバコ産業が得たもの――それは保護だ。

保留になっていた州からの訴訟はすぐさま消えてなくなり、将来の訴訟の可能性もなくなった。これは高い代償と引き換えに得た法律上のミラクルだった。

製品の価格は上昇したが、基本和解合意に基づく（毎年数十億ドルの）支払いは、タバコ会社ではなく、消費者が負担させられた。実際に何年にもわたって巨額の和解金の支払いをするのは、タバコを買う一般の喫煙者だった。タバコの箱それぞれに追加で課される料金は、税金とはみなされなかった。これは見事なアメリカ的解決法だった。

もちろん、ワシントンではタバコ産業全体が、ロビー団体を解体しなければならなかった。これで政治的影響力と、煙が充満した秘密のダイニングラウンジでの裏取引とはさよならだ。あのすばらしき日々は過ぎ去った。

弁護士から見て、何より重要だったのは、タバコのマーケティングと広告に関する規制が完全に変わったことだ。

タバコ産業は若者にアピールするとみなされるあらゆる種類の広告を廃止することに同意した。漫画風の広告マスコット、ジョー・キャメルは退場し、マールボロ・マンは馬に乗って夕日のなかへ去って行った。屋外広告も終わりになった。しかし、悪いニュースばかりではない。これらの新たな規制は大手タバコ会社すべてに適用されたので、それぞれの会社は特定の競争相手に優位が与えられる心配をしなくてよかった。


弁護士は二〇〇一年の夏の終わりに、タバコ産業での仕事をスタートさせた。アメリカで基本和解合意が成立してからわずか三年後のことだ。公衆衛生局医務長官の報告書の波紋がまだ広がり続けており、地球上のほぼすべての国で人々の態度や法律を揺さぶりながら力を蓄え、ついに大きな波となって、スペイン、フランス、イタリア、ギリシャ、そしてイギリスの海岸に押し寄せてきたところだった。

弁護士の新しい仕事は、こうした急速に変化する法的規制の流れのなかを会社がうまく進めるように舵取りを手伝い、マーケティングや広告キャンペーンをイギリス市場に適用される新しい法律や規制に準拠したものにしつつ、できるだけ多くのタバコを売れるようにすることだった。

タバコ産業に参加するには、刺激に満ちた時期だった。タバコのような消費者製品はほかにはない。まだ一〇〇パーセント合法な製品でありながら、同時に健康に害があると証明されたことは一種のパラドックスを生じさせ、この特異な製品の人気のさなかで奇妙な渦を巻いていた。

弁護士が喫煙について知るすべてのことを考え合わせると、タバコはマスマーケット製品として手に入れられるべきものでさえない。資本主義の設計には、この特異な消費者製品が市場に出回ることは含まれていなかったのではないかと思われた。

リチャード・ドールや公衆衛生局医務長官によって、タバコが有毒だとわかってから数十年が経っていた。それなのに、彼は若い弁護士として、この製品を世界中で販売する多国籍タバコ会社で働こうとしている。さらにばかばかしいことに、弁護士自身も喫煙者だった。彼はタバコのパラドックスの渦のなかを、先に何が待ち構えているかもわからないまま、全速力で突き進もうとしていた。

北アイルランド工場

新しい会社に初出勤した日、弁護士は受付で陽気な個人秘書に迎えられ、エレベーターホールに案内された。

建物の最上階まで上がると、そこには役員室と法務部があった。秘書の女性は法務部の部屋の中央まで彼を先導し、他の秘書たちに紹介した。彼につくナンシーもそのひとりだった。

「どのタバコをお吸いになりますか？」ナンシーがたずねた。

ナンシーは六十五歳くらいの社交的な女性で、時代の先端を行っているという印象だった。短いスカートにスタイリッシュなブーツを履き、タイトで胸元の開いたトップスを着ている。ナンシーに案内され、面接のときにすでに見た自分のオフィスへ行った。大きなデスクがあり、窓から見える庭と森の景色がすばらしい。

弁護士はこの会社のタバコを吸ったことがなかった。イギリスに住み始めてからは「バンテージ」をほとんど目にしなくなったので、「ピーター・ストイフェサント」に切り替えていた。だが、ナンシーにはこの会社が製造しているタバコの銘柄を告げた。

「毎朝、トレイをいっぱいにしておきます」。彼女は優雅な口調でそう言った。

ナンシーは建物全体を案内してくれた。

再びダイニングルームを訪れた。そこで毎日、本格的なランチを提供している。医務室には看護師がひとり常駐していた。彼は一か月以内に、フルメニューの健康診断を受けるように言われた。胸部レントゲンも必須だ。後日、実際にレントゲン検査を受けたところ、ありがたいことに異常は見つからなかった。社員にがん検査を受けさせる会社のことなど聞いたことがなかった。

広々とした自分の新しいオフィスに戻ると、彼に用意された最初の数週間分の予定表をナンシーから渡された。ざっと目を通したところ、すぐに法律に関わる仕事をするわけではないとわかった。その代わりに、まるで学校生活に戻ったようなスケジュールが書き込まれていた。

そこへメアリーが入ってきて、彼を温かく迎えた。

メアリーが彼の直属の上司となる。彼女の上司は法務チームの責任者、つまり最高法務責任者（ゼネラル・カウンセル）で、そのカウンセルはＣＥＯに報告する立場だ。

メアリーは彼の予定表に内容を加え、こう告げた。会社を守るには、このビジネスについてよく理解することが重要だ。タバコがどのように製造され、どのようにマーケティングされ、どのように販売されるかを知らなければならない。まずは一連の研修と、各部門について知るためのセミナーを受けてもらい、いくつか現地視察にも行ってもらう。新しい職場の内部の働きについて学ぶ管理職向け講習は、「入隊式」と呼ばれていた。

彼は最初の一か月で、タバコについて多くの基礎知識を吸収することになる。

研修の第一段階のひとつは、北アイルランド工場の見学だった。

工場はベルファストから一時間の郊外にあった。そこはこの会社にとって重要な地域だった。一八九六年、ビジネスの急速な拡大に伴い、当時世界最大を誇ったタバコ工場をこの地に建設した。

それから一〇〇年以上が過ぎた今、弁護士はこの会社のイギリス最後のタバコ工場を訪問しようとしていた。タバコを吸う本数を減らす人や、完全に禁煙する人が増えるにつれ、工場は次々と閉鎖されていった。マンチェスターのハイドの工場、ロンドンのノーソルトの工場も過去のものになった。

しかし、北アイルランド工場はまだ稼働中で、そこで製造されるすべてのパッケージに重要な文言を印刷することができていた。「メイド・イン・UK」という、顧客ロイヤルティを保つためには欠かせない文言だ。

信じがたいことだが、地球村の人々は、自分の国で、同胞の手で製造された製品を買うことにこだわりを持つ。国家の誇りはまだ死んではいなかった。ブレクシット（イギリスのEU離脱）がのちにそれを証明する。

新しい会社でのはじめての出張で、弁護士はいくつかのことが印象に残った。

ひとつは、ナンシーが旅のすべての手配をしてくれたことだ。チケットも、行程も、ホテルの予約も、スケジュールも、すべて。彼はただその場に姿を現し、相手の言うとおりにすればいい。座って話を聞くだけだ。

ふたつめ。運転手が自宅に迎えに来て空港まで送り届けてくれた。

三つめ。飛行機はビジネスクラスだった。

ベルファストへ行くのははじめてだったので、少しばかり緊張していた。

北アイルランド問題は公式には一九九八年に終結していたが、二〇〇一年初めになってもまだ、当時の不穏な空気が強く感じられた。出発前には婚約者も不安を口にしていた。彼は大丈夫だと言って、安心させた。そして、実際に心配する必要はなかった。彼は至れり尽くせりの企業の保護バブルに守られて旅をしていた。ただリムジンに乗り込み、空港のビジネスクラスラウンジで待ち、飛行機に乗り、現地の空港で待つ運転手つきの車に乗り、工場まで連れていってもらい、ホテルに戻り、また車で空港へ送ってもらい、家に帰る。脅威かもしれないと感じるようなものに——あるいは本物の脅威に——遭遇する機会などほぼ皆無と言っていい。

ヒースロー空港からのフライトは一時間足らずであっという間だったが、機内で温かい朝食が出た。ふと見ると、同じビジネスクラスに本社で見かけたことはあるがまだ挨拶は交わしていない社員が何人か乗っていた。これは会社がよく出張で使っているルートなのだ。

夜明けにアイルランドへ向かう飛行機の窓からの眺めは、うっとりさせるものだった。岩がちの海岸線と青い海。砕ける波の白い泡。低い丘の斜面に連なる畑。牧草地の緑の色は場所によって変化していく。

ベルファスト国際空港では、マデリーンという運転手が待っていた。親切でプロ意識が高く、工場までは四五分ほどの距離だと告げられた。運転中、彼女はタバコを吸わなかった。

地上の景色は上空から見たほどには美しくなかった。車は、各党派のシンボル、落書き、ユニオンジャック（イギリス国旗）を描いた路上の敷石、IRA（アイルランド共和軍）の殴り書き、UUP（アルスター統一党）やシンフェイン党を支持するスローガンが目立つ通りを進んでいく。三〇年間、ここは一種の紛争地域で、そうした戦闘の傷跡がまだ都市の風景に刻み込まれていた。

弁護士は大型セダンの後部座席から通り過ぎる風景を眺めた。うれしいことに、車のなかにはよりどりみどりのタバコ、水のボトル、雑誌が用意してある。
タバコ工場を訪ねるのははじめてなので、彼は消費者のひとりとして興奮していた。どれだけの人が、自分が毎日、毎週、毎月使っている製品を製造している工場を実際に訪れ、その製造工程を目にする機会を持てるだろう。

工場の入り口にはゲートがあり、厳重に警備されている、とマデリーンが伝えた。契約警備会社の警備員が敷地内を巡回している姿が目に入る。マデリーンは政府の税関職員が制服姿でうろついているのを指さした。製造工場になぜ政府の警備スタッフがいるのだろうか。彼は少し不思議に思った。

「ここは保税工場なのです」。マデリーンが言った。

「保税」というのは、その会社が自社の施設で課税品を製造して保管し、それらの製品にかかる関税を支払っているということだ。だからこの場所はイギリス政府の監視と保護の下に置かれている。
基本的に、会社はこの工場で製品を生産し、そのすべてに政府当ての小切手を振り出し、その後、製品は政府が警備する金庫にも等しい倉庫に保管され、最終的には市民がその製品を、通常はコンビニエンスストアで買った時点で税金分も支払うことになる。

車が停(と)まると、男性が彼を待っていた。重役のひとり、コナーだった。
コナーは強いアルスター訛(なま)りで彼を歓迎した。弁護士はコナーが本当にゆっくり話したときにしか、何を言っているのか理解できなかった。
コナーは彼を工場の役員用オフィスに案内し、紅茶を出した。ロンドンの本社と比べ、ここはひどく殺風景だ。もう四〇年はリノベーションがなされていないように見え、古い灰皿が置かれ、かびくさいタバコ臭が染みついている。

窓の外には中庭の古い噴水が見えるが、おそらく一九七〇年代あたりから水が止まったままなのではないかと思えた。気が滅入るような場所だ。もちろん、楽しい気分になる必要はない。工場のこのエリアが人目に触れることはない。製造工場のカーテンの後ろに隠れている。

コナーはそれから数日間の予定について説明した（重役はみな、それぞれの秘書が準備した予定表に従っているようだ）。コナーの役割は、弁護士に工場内を案内して、タバコがどのように製造されるかを理解させ、その後、研究開発（R&D）部門の重役たちに紹介することだった。そこからは、R&Dの重役たちがタバコの製造に関連した昨今の問題について説明する手はずになっている。この工場は会社全体のR&D部門の本部にもなっていた。

弁護士はもう長く喫煙を続けてきたが、タバコの製造工程についてはほとんど何も知らなかった。R&Dについても同じだ。コナーの案内で、「タバコ大学」体験が始まった。

弁護士はコナーに、この会社に雇われることになった経緯を少しだけ話した。コナーのオフィスで話をするうち、弁護士はポケットに手を入れ、何気なく自分のタバコの箱を取り出した。

コナーは言葉を止めて、彼を見た。

「それはどこから持ってきたものですか？」

「私が持ってきたものです」

コナーは笑った。「この工場内でそれを吸うところを見られてはいけません。税関警備員に見とがめられたら、あなたは店舗でそれを買ったと証明できないでしょう。工場の製造ラインから盗むこともできるのですから」

コナーは戸棚を開けて、弁護士に見せた。そこには弁護士が吸っているものと同じ銘柄のタバコの箱がびっしり詰まっていた。しかし、重要な違いがある。すべての箱に貼ってある小さな証紙が、それが工場内で吸えるタバコであることを示していた。

「工場の敷地内ではこれらを吸います。この証紙で、すでに税金を払ったものであることがわかります。今後ここにいらっしゃるときには、私に言っていただければすぐにお出しします」。コナーはそう説明し、弁護士に証紙が貼ってある新しい箱と、防護服を手渡した。白衣にヘルメット、そしてゴーグルだ。


弁護士はゴーグルを着け、コナーに続いて工場内に向かった。建設現場の工事監督にでもなった気分だ。

コナーは、この施設は四つのエリアに分かれていると説明した。原料の受け入れ、加工、包装、そして保税エリアだ。保税エリアでできあがった製品が数えられ、ヨーロッパやその他の目的地に出荷されるまで保管される。

コナーはまず、弁護士を広大な受け入れエリアへ案内した。タバコの「葉（リーフ）」が届く場所だ。

「リーフはタバコの原料です」。コナーは説明した。

タバコの葉は、世界中――トルコ、アフリカのいくつかの地域、アメリカ、そして弁護士の生まれ故郷であるカナダ――から、大きなベール〔訳注／圧縮して俵状に梱包したもの〕にまとめられて搬入される。ひとつが家庭用の食器洗い機くらいの大きさだ。この会社にはタバコの葉を探し求める専門の部署があり、世界中を回って、高品質で低コストのバージニア葉をここのような工場に安定供給できるようにしている。

コナーによれば、バージニア葉は最高級のタバコ葉だった。

イギリスのタバコ製品は、ダンヒルやベンソン＆ヘッジスを含め、ほとんどがバージニア葉を使っていた。ほかには（アメリカの）バーレー種があり、マールボロ、ラッキーストライク、ウィンストンなどがその代表だ。アメリカのタバコ葉はまったく味わいが異なる。

バージニア葉の歴史は、イギリスのバージニア植民地の建設の時代にさかのぼる。

イギリスが最初に北米バージニアに植民地を建設し、ヨーロッパにはなかった農産物の栽培を試み、それらをヨーロッパに送るようになると、タバコはとくに貴重品とみなされた。イギリスでの需要が急増したからだ。

しかし、タバコ栽培は簡単ではなく、生活は厳しかった。植民地の住民は、新世界の雑草を収穫できるところまで長くは生き延びられないように見えた。イギリス本国がタバコ農業に投資し、そのために何隻もの船で新たな入植者を送り込んでもなお、その血はすぐに絶えてしまった。この困難な状況は、オランダの船がアフリカ人奴隷を運び入れることによって、ある程度は改善された。奴隷の強制労働は、イギリスでどんどん高まるニコチン需要を満足させるために確実にバージニア葉を供給するには、欠かせないものになった。そして、それがアメリカでのタバコ産業の確立につながった。

弁護士の会社は、世界中を回って、誰がどこでバージニア葉を栽培しているかを突き止めるため、遠方まで探検するタバコ葉ハンターを雇っていた。彼らがオークションで葉を買い上げる。北アイルランド工場は、送られてくる葉を加工するための場所だった。タバコ葉のベールはそれほど高額ではない。タバコ会社は一世紀以上前から、農民を犠牲にしてタバコ葉の価格を低く抑える戦略を考案していた。しかし、タバコ葉の保管には広いスペースを必要とした。

「洗浄し、乾燥させ、トーストし、ブレンドする」。コナーはそう言い、マントラのようにそのフレーズを繰り返した。「洗浄し、乾燥させ、トーストし、ブレンドする」。

最初のステップは巨大なベール状の葉を洗うことだ。

彼らは立ち止まり、フォークリフトで短い距離を行き来して、大きな葉の束を持ち上げては、巨大な保存コンテナに投入する作業をしている男性を見つめた。そのコンテナが洗浄ユニットに運ばれる。男性は点滅する光によって、コンテナを再び満たすタイミングを見計らう。

点滅したら、再びフォークリフトを動かし、点灯に変わるのを待つ。その繰り返しだ。

男性はこの短距離移動の仕事を毎日、一日中続けている。弁護士はこのような工業化されたプロセスを間近で見るのははじめてだった。

巨大なコンテナはタバコの葉を、こちらも想像を絶する大きさの洗浄機に投入する。洗浄機ひとつが、普通の家の地下室ほどもある。そこから出てくるのは、湿ったタバコのマルチ——どろどろした大きな茶色の塊だ。

タバコのにおいは非常に強く、それは工場のオフィスに染みついていた、煙や汚れた灰皿のにおいとはまったく違うものだ。ここでは乾燥されトーストされる前の生のタバコの甘い香りがする。

とてもおいしそうな香りだ。弁護士はいつまでもそれを嗅いでいたかった。

彼らは工場の奥へと進んでいった。室内サッカー場くらいの広さがあり、機械がたくさん並んでいる。

自動化された工程でありながら、従業員の数は多かった。数百人の従業員がラインのそれぞれの持ち場で、機械を滞りなく稼働させている。ベルトコンベアのベルトがあちこちに向かっている。弁護士はベルトコンベアというものをそれまで見たことがなかった。そして、それらを見ているのは彼だけではなかった。基本的には、このフロアにいる従業員は一日中それを仕事にしている。監視し、ラインから不要なものを取り除き、問題を解決する。彼らは全員揃いのグリーンの作業着の上下を着ていた。

ラインにいる従業員のただのひとりも、通りかかった弁護士やコナーに話しかけてこなかった。よそよそしいわけでも、無礼なわけでもない。誰も彼らと会話を交わす必要がなかったからだ。それに、そこは信じられないほど騒々しかった。弁護士はつねにブンブンうなりを上げる機械の音を聞き、その振動を感じた。

「彼らは忠実な労働力です」。コナーは説明した。

多くの従業員は、昔からこの工場で働いてきた家族の三世代目か四世代目だという。その家族ぐるみの関係性は会社の創業者の時代にまでさかのぼる。創業者は二〇世紀を迎えたころに、ベルファストで手製のタバコを売り始めた。

一八〇〇年代の後半には、タバコは手巻きで、荷車で売り歩くか、掘っ立て小屋でじかに売られていた。

手慣れていれば、一分に四本のタバコを巻くことができた。あなたはタバコを手で巻いた経験があるだろうか？　六〇秒で四本に挑戦してみてほしい。これが非凡なスキルだとわかるはずだ。

伝えられるところによれば、この会社の創業者はアイルランドでタバコ事業を始めた。自分で巻いたタバコを荷車に載せて売り歩き（この国が分断される以前のことだ）、顧客基盤を築いていった。商売はうまくいき、やがてロンドンへ進出して、シティに店を開いた（その店は、弁護士が最初にヘッドハンターのヘザーと会った場所からそう遠くないところにあった）。

アイルランドのタバコ起業家の手巻きタバコは、ロンドンで熱烈なファンを増やしていった。そこで、彼は巻き手の数を増やした。

すぐに、包装が進化した。タバコは束にまとめて、時には装飾的な紙で包む。やがて、厚紙をはさんで束を安定させるようになった。基本的にはこれが最初の箱入りタバコだ。その厚紙は、本当の意味で最初のブランディングの機会を提供もした。これはタバコ・カードとして知られるようになり、初期の技巧を凝らしたカードは、のちにコレクターたちが追い求める貴重品になった。

手巻きタバコの市場が大きくなり、噛（か）みタバコ、葉巻、嗅ぎタバコの市場を上回ると、あるアメリカの大手タバコ製造会社が、紙を巻くプロセスを自動化してスピードアップできる機械を製作したイノベーターには七万五〇〇〇ドルの報奨金を支払うと提示した。そのころまでには、産業革命が世界を変革していた。そして、多くの消費者製品がすでに機械による自動化で製造されるようになっていた。

ジェームズ・ボンサックという若く野心的な起業家が、その呼びかけに応じた。彼は一分あたり二〇〇本、一日に一〇万本以上のタバコを巻ける機械を発明した。その機械は一本の非常に長い、巨大なタバコを巻き、それを普通の長さに切り分けることができた。

タバコは職人技の、手仕事の道楽のままになっていたかもしれない。しかし、ボンサックの機械が流れを変えた。それが一八八〇年ごろの話だ。

突然、ボンサックの機械とその模倣品により、タバコ会社は紙を巻いていた従業員を解雇し、利益を新たなトレンドに振り向けることが可能になった。広告キャンペーンである。多くの企業がその道を選び、ビジネスは活況を呈した。タバコは安く製造でき、安く買える製品になり、さらには——依存性があった。

有力なタバコ帝国がイギリスとアメリカに出現した。弁護士が働き始めた会社もそのひとつだ。そして二〇世紀初めには、これらの帝国はさらに強大になり、攻撃的に顧客基盤を拡大し、タバコを大量消費市場の主力商品として成功させた。タバコを販売していた都市の発達とともに、タバコ産業の利益も急増した。まばゆいばかりの近代的な大都市で、男性も女性も、金持ちも貧しい者も、子どもたちでさえ、数千万人もの人々が一年に数十億本のタバコを消費した。労働者やその上に立つ者にとって、タバコは気分を高揚させる完璧な薬物となり、つねに快感を与えてくれて、それでいて酒に酔ったときのような影響はなかったので、仕事をしながらの喫煙もできた。

おそらく、二〇世紀初期の公式カラーはタバコの煙の色にすべきだった。新たに稼働を始めた数千の工場からも、急速に数が増した工場労働者の指の間からも、途方もない財産を築いた産業界の大物たちの唇からも、煙が立ち上り、彼らの立派なデスクの後ろには煙の輪が漂った。

「従業員は厚遇されています」。コナーは強調した。

これは好待遇の安定した仕事で、会社は高賃金や安全な労働環境を提供して従業員の面倒をよく見る雇用主になろうとしてきた。職場で手に入る無料のタバコを危険とみなさないかぎりは──。工場で働く従業員は無料のタバコを受け取る。ただし、家に持ち帰ることはできないので、工場で「できるだけ多く吸って帰る」という方針だった。ラインに入って働いている間は喫煙できないが、休憩エリアがあった。弁護士は本社の自分のオフィスで、ナンシーが毎朝タバコのトレイを満杯にしてくれることを思い出した。

それでも、とコナーは続けた。ここで何年も働き続けてきた従業員は、フロアで働く人数が減ったことに気づいている。それは技術が進歩したからだけではない。

二一世紀に入って喫煙者の数が減少したことで、タバコ製造の需要も減った。すべてのラインが稼働しているわけではないようですね、と弁護士が言うと、コナーはうなずいて、その日休止していたいくつかの古いラインを身振りで示した。ラインは空っぽで、大きな機械が沈黙していた。

洗浄を終えたタバコ葉は、乾燥され、トーストされ、特定の銘柄にブレンドされる。異なるカクテルを作るのと同様だ。この会社は二五種類以上のタバコを市場に送り出していた。

大香料、添加物、化学物質が、その特定のブランドのためのレシピに従って、葉に混ぜられる。大まかに言えば、イギリスの伝統的なタバコ銘柄のほとんどは、あまり香料を使わない。バージニア葉は、美しく保存処理された上質の葉とみなされたので、余計なものをあまり多く混ぜ込むのは好まれない。そんなことをすれば、トリプルAのアルバータビーフのヒレ肉に、安物のソースを大量にかけて食べるようなものだ。

原材料が世界で最上級のときには、ほんの少しのものだけを加えるのがいい。オイル、砂糖少々、ココア少々。加える材料にはそれぞれの役割がある。なかには、消費者の好み――製品のフレッシュさ、火をつけたときの状態、吸い込んだときの原材料の味わいと香り――に合うように、数十年をかけて試行錯誤を繰り返してきたものもある。

化学物質はタバコの燃焼を制御し、タールとニコチンを一定レベルに保つために加えられる。それに、信じられないかもしれないが、タバコの灰の色が魅力的なアッシュグレーに見えるようにする役割もある。


コナーは弁護士をタバコの葉をブレンドするための巨大な機械の開口部まで連れていくと、手を伸ばして、ひとつかみ取ってかまわない、と言った。弁護士は言われたとおりにし、手に取った葉を鼻に近づけた。圧倒されるほど強い香りがした。

ひとまとまりの葉が特定のブランドに変わると、次にはそれをタバコの形、すなわちスティック状にする。

そこにある製造用機械は、ボンサックが発明したものからははるかに進化していた。弁護士は高速でスティックが飛び出してくるのを見て、マシンガンを連想した。ブレンドされたタバコが機械のなかに流れ込むと、先端部分にコルク色の紙とフィルターが加えられる。機械は大量のタバコを放出する。しかし、これはまだ、私たちがふだん目にするようなタバコではない。長さが普通のタバコの二倍あり、フィルター部分が真ん中にきている。その後、フィルター部分の中央を半分に切断すれば、二本のスティックのできあがりだ。

コナーによれば、この工場だけでも一年に数十億本のタバコを製造していた。

次の工程は包装だ。別の機械がカットされたばかりのスティックを二〇本または二五本ずつ箱に詰め、誰もが見覚えのある、世界中で知られるブランド品になる。これらの箱がまた別の機械でカートンにまとめられ、ぴったりとフィルムを巻かれる。

場合によっては、タバコの包装は中身のスティックよりもコストがかかる。スティックを特製の紙で包み、それを印刷された光沢のある厚紙の箱のなかに納め、さらに外側をフィルムで真空包装するからだ。かつての手巻きタバコの束をまとめ、カードによって全体を支えていたものの進化形だ。

しかし、コンセプトは変わっていない。消費者が購入するものの大部分はなじみのあるブランドに落ち着く。信頼できる、決して変わることのない古くからの友人となるのだ。


タバコひと箱の最もコストのかかる部分、それは間違いなくタバコそのものではない。光沢のある厚紙でもなく、スティックを包む高級な紙ですらない。それはしばしば、政府に税金を支払った証拠として箱の上に貼りつけられる小さな証紙だ。

多くの市場で、この証紙はバンデロールと呼ばれた。タバコが販売される国の政府によって課されるタバコ税を象徴するものだ。たとえば、当時のフランスでは、タバコ税はひと箱につき二ユーロほどだった。したがって、それぞれの箱にあるフランスの証紙は二ユーロの価値があり、その箱がその国の販売システムを通じて移動する許可を税関から得たことを意味する。

コナーが指摘したように、この工場では毎年、数十億本ものタバコが製造される。この会社はイギリスのタバコ市場だけでも四〇パーセントを占めていた。ここで製造されるタバコはヨーロッパ、アジア、アフリカ、中東の目的地へも送られる。ラインからどんどん出てくるさまざまなブランドのカートンをじっくり見ていると、健康被害についての警告が複数の言語で印刷されているのに気がついた。英語、フランス語、スペイン語、ドイツ語、アラビア語。弁護士は自分が国際的な企業で働いているのだとあらためて思った。

そして、多言語の警告文を眺めているうちに、この見学の間にタバコの健康要因についてまだコナーと話していなかったことに気づいた。ここで従業員が製造しているのは危険な製品だとほのめかすものはまったくない。まるで、コーラかポテトチップスを作っているかのようだ。

コナーは弁護士を四番目のエリアに案内した。工場内の、政府の役人が警備する保税エリアだ。ここはおそらくイギリス全体で最も厳重に警備された施設のひとつだろう。内部にはタバコのカートンの壁ができている。数万個のカートン、数百万本のタバコが地球上の各地への出荷をここで待っている。

弁護士はこれほど多くのタバコのカートンがひとつの場所にまとめて置いてあるのを見たことがなかった。彼は頭のなかですばやく計算した。彼が見ているこの在庫は、数億ドルの価値がある。大量の金塊で満たされた金庫のなかに立っているようなものなのだ。

周囲を見渡していて、タバコはほとんど乾燥させた葉と紙でできているのに、実際には同じ重さの金以上の価値を持つのだと思い至った。これら数万もの箱がすべて店頭に並び、自分と同じような喫煙者が買っていくのは間違いない。

会社の経営陣は、この製品の驚くべき価値を理解していた。つまり、彼らはこの大人気で依存性のある消費者製品を管理して利益を刈り取る特権的な少数の成功者で、その製品をヘビーユーザーたちに売っている。そのなかには製品を大量生産している工場で働く人たちも含まれる。


弁護士はいつも、産業革命は歴史の授業で学ぶ、過ぎ去った時代の出来事だと思っていた。しかし、工場を訪問したことで、その点についての見方が変わった。産業革命はまだ続いていた。それが、工場見学から持ち帰った最も大きな収穫だった。タバコは「ポテトチップスと同じくらい安く」生産できる。そして、産業革命がまだ利子の支払いを続けてくれるおかげで、会社は利益を上げ続けている。たとえ世界規模で進行中の反タバコ運動に打撃を受けながらではあっても。

彼が工場で製造工程を見たすべてのブランドが、それぞれ特別なレシピから始まった。独特な材料とフレーバー。それらのレシピは研究開発部門の厳重に守られた秘密だった。そして、主要な消費者製品の歴史において、おそらく最も論争を呼ぶ材料が組み合わされている。

弁護士がタバコビジネスについて学ぶ最初のステップは終了した。「入隊式」は結局のところ、弁護士自身が周回路を進みながら面談をこなしていくショーといったところで、行く先々で新しく参加した会社の鍵となる従業員やチームと個人的に話し、質問する機会を得た。そこにはカウチもデスクもライブバンドもなかったが、愉快な経験と多くの情報を得ることができた。

彼はコナーに続き、次の面談相手であるレシピの管理者たちを訪ねた。

火をもてあそぶ

工場のフロアに置かれた多くの機械や、そこで働くグリーンの作業着を着た数千人の従業員がこの会社の筋肉だとしたら、研究開発（R&D）部門の白衣姿の研究者は巨大な頭脳を形成していた。それが、R&D部門が創設されて以来の目的だった。つまり、会社に利益をもたらす新製品を開発する創造的頭脳として機能するという目的だ。

この会社がイギリスでタバコビジネスを拡大していた一八七〇年代後半まで時代をさかのぼれば、大西洋の対岸ではトーマス・エジソンがニュージャージー州に研究所を設立し、そこで彼のチームは現代の私たちが当たり前に考えているもの――電球――を発明した。

エジソンは多くの優れたアイデアを持っていた。そのひとつが、立ち上げたばかりのエジソン電気照明会社で新製品開発に取り組む人材として、想像力に富んだ理論家や科学者を集めることだった。言い換えれば、彼はアメリカで最初期にR&D部署を導入した人物だった。

商業会社のために型破りで創造性に富む、技能に優れた人材を雇うという概念それ自体は、必ずしも新しいものではなかったが、間違いなくまだ一般的ではなかった。エジソンは異端児で、科学の天才であり、大きなビジネスを運営するより、大きな夢を持つことのほうが得意だった。最終的に、エジソン電気照明会社は主要ライバル会社と合併して、当時の新世界で流行になりつつあった法人組織を形成した。

その合併により誕生したのがゼネラル・エレクトリック社（GE）で、一八九六年に開設されたダウ・ジョーンズ工業株価平均にリストされる、わずか一二の会社のひとつになった。ほかには、綿、石油、ゴムなどの急成長を遂げていたベンチャー企業、そしてアメリカン・タバコ・カンパニーもリストに名を連ねていた。

GEのR&Dチームで働く科学者や物理学者たちは、やがて複数のノーベル賞を受賞し、GEの研究所はR&D分野の先駆者となり、世界の企業文化を変革した。世界中の企業がこの流れに取り残されまいと躍起になって、一流の科学者、技術者、化学者、数学者、天体物理学者、聡明な発明家を雇い入れ、それぞれの生まれたばかりのR&Dに参加させた。

第二次世界大戦によってR&D重視の傾向がさらに熱を帯び、企業の研究と政府の課題が融合し、政府からの資金も取り込んで、枢軸国を倒すための新しい技術の探求に明け暮れた。たとえば、化学会社のデュポンは一九〇三年にR&D部門に相当する部署を設立し、そこを「試験場」と呼び、第二次世界大戦が勃発するころにはマンハッタン計画に貴重な研究と資源を提供して貢献する強い立場を築いていた。原子爆弾はチーム努力の成果だった。

研究開発部門は企業戦略の中心になっただけでなく、戦争の終結に貢献した英雄でもあった。そして、戦後になるとタバコ会社もその流れを追い、R&Dに集中的に投資するようになった。最初は人気の消費者製品を革新しようという期待から始まったが、その後、タバコの健康被害に警鐘を鳴らす科学者や医師が増えるにつれ、その攻撃から自分たちの製品を守ることが目的になっていく。

リチャード・ドールの報告書が提出された一九五〇年代から、アメリカの公衆衛生局医務長官の報告書が発表された一九六〇年代になると、すべての大手タバコ会社が創造的開発からダメージコントロールへと軸足を移し、急増する肺がんの発症とタバコ製品を結びつけるために集められた証拠を検証するようにR&D部署に指示を与えた。各企業の公式な見解は論争を巻き起こした。不明確な科学的根拠を持ち出すか、あからさまに否定するかのどちらかだったからだ。そのやり方は、今ならフェイクニュースと呼ばれるものだった。

競争の激しかったタバコ帝国が結束して、「タバコ産業調査研究委員会」というばかげた名称の組織を創設しさえして、より多くの科学者、さらにはPR会社を雇い、健康被害に関する警告と戦い、医学調査の結果が世論に与える影響を抑えようとした。

タバコ産業は一九五四年一月四日に、悪名高い一斉射撃を行なう。『ニューヨーク・タイムズ』紙上に掲載された二ページにわたる意見広告は、アメリカのタバコ会社はその製品を守るために最先端の科学を使うと約束する内容だった。

委員会の研究活動は、疑う余地のない誠実さと国民の信望を持つ科学者たちに託される。さらに、タバコ産業に利害関係を持たない科学者で構成される諮問委員会を設立する。医学、科学、教育分野の一流の研究者が、この諮問委員会に招かれ、委員会の研究活動に助言を与えるだろう。

この戦略は効果的だった。世間のパニックを鎮めるために科学と調査を持ち出して事実を曖昧にすることで、タバコ会社はR&D部署を増強し、健康科学者が製品に潜む隠れた危険を明らかにすることに注力していると装った。その結果、タバコ会社のR&D部門は、製品を守る中心的な役割を担い、タバコには中毒性も害もないという約束事にとらわれた。

もちろん、最終的には医療機関による詳細な調査に基づいた結論が、公衆衛生局医務長官の後押しも得て、公的議論の前面に躍り出る。その結論は反論の余地のない、悲観的なものだった。

医学研究者はタバコを吸う人たちの口から立ち上る煙の渦に含まれる隠れた化学物質のリストを公表した。タバコの成分には六〇〇もの化学物質が含まれていたが、本当の衝撃は、タバコに火をつけたあとにやってくる。

燃焼によって変化が起こる。破壊もすれば創造もする。タバコに火をつけたときには七〇〇〇以上の化学物質が放出されることがわかった。

すると、とたんに成分リストは不快なものになる（今もまだアメリカ肺協会のウェブサイトで確認できる）――アセトン（マニキュアの除光液に使われる）、酢酸（染髪剤の材料）、アンモニア（家庭用洗剤として一般的）、ヒ素（殺鼠（さっそ）剤に使われる）、ベンゼン（ゴム接着剤やガソリンに含まれる）、ブタン（着火液に使われる）、カドミウム（酸電池の活性成分）、ホルムアルデヒド（水に溶かすと防腐剤になる）、ヘキサミン（バーベキュー用着火液に使われる）、鉛（電池に使われる）、ナフタリン（防虫剤の材料）、メタノール（ロケット燃料の主要成分）、トルエン（塗料の製造に使われる）。

ブタンやロケット燃料はひどいと感じるかもしれないが、ココアのような一見無害に思われる材料でさえ、燃やすと発がん性物質に変わる。がんを引き起こすココアの煙になるのだ。

さらに悪いことに、ニコチンには強い中毒性があるとわかった。コカインやヘロインと比べても引けを取らないほどだ。有毒な煙が肺のなかに入ると、幸福感を得る近道になる。ドーパミンを分泌させ、脳にもっと、さらにもっとニコチンを欲しがらせる。永遠に満足することはない。

一九九四年になっても、ニコチン中毒という考えはまだ議論の対象だった。これは、アメリカの大手タバコ会社すべてのCEOが、タバコに中毒性はないと議会で証言した年だ。CNNのカメラも議場に入っていた。宣誓の下で、テレビに映っているにもかかわらず、すべての国民に嘘をついたのだから、ずうずうしいことこの上ない。

スタンフォード大学の歴史学者で『黄金のホロコースト *Golden Holocaust*』を書いたロバート・プロクターは、すべての証拠を考え合わせたうえで、タバコをこのように表現した。「タバコは人類の文明史のなかで最も致死性の高い人工物である」。


二〇〇一年には、多国籍タバコ会社の研究開発チームほど激しく非難されるグループを思い浮かべるのは、難しくなっていた。武器製造会社やヘロインの密売人と肩を並べるほどだ。第二次世界大戦のころのR&Dの先人たちと違い、タバコ会社の製品開発チームは極悪人であるかのように罵られた。

しかし、弁護士がコナーに案内されて狼たちの巣窟に入ったときに遭遇したものは、それとは違った。そこには、新しい社内弁護士と会うのに興味津々の、温かく、思いやりがあり、驚くほど親切な人たちがいた。

R&Dチームの人たちはみな、実験用の白衣を着ていた。弁護士はそこでR&D担当副社長に迎えられ、ラボのなかを案内してもらい、そのあとで、新しい仲間たちと一緒にお茶を飲んだ。その場にいた人たちほどタバコについて詳しいグループは地球上に存在しなかっただろう。

この工場で製造されてきたタバコはすべて、このR&Dで生まれ改良を重ねた調合――「レシピ」――からスタートした。歴史的には、彼らはレシピを守る社内の番人であり、そのレシピは、少し前にのぞいてきたばかりの、タバコのカートン――「金の延べ棒」――でいっぱいの倉庫より価値を持つこともあった。

世界的な産業資本主義の時代には、人気の消費者製品の秘密のオリジナルレシピは、最も貴重な品のひとつになった。ハインツのケチャップ、コカ・コーラ、ケンタッキー・フライド・チキンを思い浮かべてみてほしい。これらの有名ブランドは、国境を越え、政治も経済格差も乗り越え、世界中の家庭の食生活の一部になった。

そして、極端に競争の激しいタバコ産業で、ひとつのタバコを別のタバコと区別するものは、そのブランドならではのアイデンティティとともに、火をつけて煙を吸い込んだときに特徴的な味わいや香りを与える調合レシピだった。一般の喫煙者にとって、これらの特徴は、オレオのクッキーのようになじみ深く信頼できた。

弁護士は、レシピは知的財産として登録されないことを知った。特許は二〇年ほどしか有効ではないからだ。コカ・コーラ社がコカ・コーラの伝統のレシピの特許をとらなかったのも、KFCがそのチキンの特許をとらなかったのも、それが理由だった。これらが秘伝のレシピと呼ばれるのも、もっともだ。事実、それは企業秘密になっていた。

弁護士のタバコ会社が守るレシピのいくつかは、一八〇〇年代後半に創業者がつくり出したもので、それから試行錯誤を繰り返して一〇〇年をかけて完成させ、世代から世代へ、ひとつのR&Dチームから次のR&Dチームへと引き継がれてきた。

そのため、R&Dチームは何よりもまず、質の管理に責任を負う。一本一本のタバコを確実に顧客の期待どおりのものにするのが役割なのだ。彼らは、完璧な喫煙体験を提供できるようにタバコを設計する。つまり、喫煙者が望むとおりの燃え方をして、舌に期待どおりの味を与えるように調整し、口から吐き出したときに渦を巻く煙の濃さ、血流と脳に取り込まれるニコチンの量、肺に入る一酸化炭素の割合、吸い込み吐き出すときの感じ方が一定になるように管理する。すべてのよい点と悪い点が製品にきちんと組み込まれるように設計するのである。

訪問したR&Dラボの雰囲気は驚くほどよかった。

弁護士が居心地よく感じたように、白衣の研究者たちもここで働くことに興奮しているように思えた。これはやりがいのある、夢中になれる仕事だ。R&Dチームの人たちは毒物学や疫学の最先端の科学を使ってこの仕事に取り組んでいる。弁護士のほうはといえば、まもなく複雑な法的問題と格闘することになる。

白衣の研究者たちは、一九六〇年代に古い工場に無秩序に増築された建物で働いていた。モダニズム建築の棟で、過ぎ去った時代の古臭いレイアウトがそのまま残っている。スーツ姿の男たちが工場そのものを拠点に事業を動かしていた時代だ。当時は、彼らが使っていた宮殿のようなオフィスそれぞれのドアのそばに、タイプライターが載った秘書用のデスクがあった。

もちろん、今では重役と秘書はロンドン本社に移ってしまい、この棟はR&Dが占有している。

R&D担当副社長は、弁護士を乱雑なスペースに案内した。大きな窓と天井の蛍光灯がこのエリアに光を注いでいる。ヴィンテージのオフィス用家具のクロムめっきや、廊下や共有部分の丈夫なリノリウムの床のあちこちにある、金属製の台に載せた灰皿に光が反射する。どこもかしこも、タバコの煙のにおいが染みついていた。

大きな古いオフィスのいくつかは実験室に改装され、高校の科学実験室を思わせた。ブンゼンバーナー、顕微鏡、外科用メス、コンピュータ類が備わっている。そうした部屋のひとつで、白衣を着た女性が比較的新しいタバコ製品をばらばらにしている最中だった。マールボロ・ライトだ。

この作業は製品解体と呼ばれる、と弁護士は説明を受けた。ライバル会社の製品を分解して成分を突き止め、おそらくは最新の品質基準に達しているかどうかを明らかにする。

マールボロは一九五〇年代に生まれた。同じメーカーの古くからある銘柄のいくつかと比べれば、新入りの製品だ。そのブランド・キャンペーンは伝説ともなっているが、「マールボロ・マン」だけが、このアメリカ製タバコがこれほど人気を得た理由ではない。マールボロは、世界でも最も特徴的な味を持つタバコのひとつだった。

白衣の研究者はカウンターに覆いかぶさるようにして、タバコから小さな葉や穀物をピンセットで引っぱり出し、タバコの茎と黄金の葉を分け、それから顕微鏡で中身を調べていた。弁護士はその姿を見守った。

別のスタッフの説明によれば、マールボロ・ライトの材料はすべて突き止められたが、それを完全に再現することはできなかったという。材料それぞれの正確な分量を記したレシピがないと無理なのだ。これはクッキングではなく、ベイキングだった。

それを聞いて、弁護士は思わず微笑んだ。R&Dチームの科学的知識をもってしても、再現できないとわかったからだ。それこそが、オリジナルレシピの力だった。

ピンセットを手にした女性研究者は弁護士のほうを見上げ、好きなタバコの銘柄は何かとたずねた。これは賢い質問だった。正直に答えるべきだろうか？

「バンテージです」。この会社のブランドではなかったが、弁護士は正直に答えた。

彼女はうなずいて、別の部屋に消えた。一分もするとバンテージの箱を手にして戻り、弁護士に手渡した。彼女は、ここにはほぼすべての種類のタバコが集められ、整理されていると言った。世界中のタバコの生きた図書館を築いてきたのだ。

古きよき時代には、R&Dは——相対的に言えば——新製品や「クールな」新しいフレーバーの開発を楽しむこともできたが、そうした創造性に富んだ黄金の日々は過ぎ去ってしまった。彼を迎え入れたチームがどれほど陽気に振る舞っていたとしても、彼らの仕事はすでに夕暮れ期にさしかかっていた。

このときの訪問で、弁護士が最終的に理解したのは、いまやR&Dチームはその作業時間のほとんどを、タバコ産業に重荷を負わせる政府の大々的な規制に対して、科学で対抗することに費やしていたということだ。この部署はもう、「革新的」であろうとする二〇世紀の企業が持っていた野心の実現には実質的に取り組んでいない。その代わりに、政府から強制されるコンプライアンスの問題について、極端なまでに気にしていた。もしこの日のR&D訪問をひと言で要約するなら、間違いなく「コンプライアンス」がその言葉だろう。

弁護士は一九八〇年代半ばに、通っていた小学校の教師たちが職員室でタバコを吸っていたのを思い出した。ドアを半開きにしていたので、煙が廊下にも漂っていた。そして、学校の看護師が中心になって実施した反喫煙の全校集会に参加させられた日のことも思い出した。彼女の正式な肩書が何だったかは実際のところ覚えていない。

全生徒が体育館に集まり、静かに座った。照明が落とされると、看護師は彼らにタールに影響された肺の画像をスライドショーで見せた。長期の喫煙者の肺がどう見えるかを教えるためで、不健康そうで蜘蛛の巣のような黒い部分があった。

問題を明らかにするために、看護師はある機械を見せた。人間と同じくらいの大きさで、「口」がついていた。その「口」の周りに、男性の変な写真が貼ってある。どこにでもいそうな白人男性で、とくにハンサムというわけでもない。とにかく、ひどく気味の悪い機械だった。

看護師がタバコの箱のフィルムをはがし、アルミ箔を破り取り、指で一本タバコを取り出して、機械の口の部分に差し込むのを全生徒が見守った。機械はそのタバコをフィルターのところまで吸い、煙が体育館内に漂った。

その教育目的の行事は、意図しない結果をもたらした。看護師はタバコの箱の開け方と吸い方を最初から最後まで完全に披露してしまったのだ。

もちろん、本来の目的は喫煙の恐ろしさを教えることだった。だから、機械がタバコを吸い終わったあと、看護師はその「体」のなかに手を伸ばし、煙を吸収したパッドを引き出すと、それを頭上に掲げて生徒たちに見えるようにした。

ほら、このパッドが見える？　看護師はそれが悪魔の赤ん坊であるかのように高く掲げた。パッドは黒っぽい黄色になっていた。わかった？　あなたたちの肺もこうなるのよ。だから、タバコを吸ってはいけません。

弁護士はそれ以来、このような機械を目にしたことがなかった。

しかし、この工場のR&Dが似たような喫煙マシンを所有していることを知った。彼らのものは、古い重役用オフィスのひとつに座っている。まるで、この会社の管理職であるかのように、大きなオフィスの窓から不気味に空を見つめている。この機械には二〇ほどの「口」があるが、顔はない。人間に見えるようにはデザインされていなかったが、人間であるかのようにタバコを吸うべく設計されていた。その広々として密閉された、換気設備が整ったオフィスで、機械は一日中静かにタバコを吸い、結果を一覧にしていた。「コンプライアンス担当副社長」と呼んでもよさそうだ。

肺がどのように煙を吸い込むかを再現するため、R&Dチームは必要なだけ、機械の多くの穴にタバコを差し込むことができ、機械は実際にタバコを吸う。取り込んだものを測定し、どの銘柄のタバコでも、ニコチン、タール、一酸化炭素のレベルについてのデータをチームに提供する。

反タバコ運動の勢いが増すと、政府はマーケティングや広告だけでなく、製品そのものの内容物にも目を光らせるようになった。そして、アメリカでは一九九〇年代後半に基本和解合意が打ち出されたが、それと同じ時期にEUは独自のタバコ規制に取り組み始めた。

副社長は、弁護士がこれまで聞いたことのない用語――Directive General Five（DG5）――を口にした。EUはその権威を三つの形で行使できた。「決定」「規則」「指令」である。ディレクティブは「指令」であり、任意のリクエストではない。

DG5は、EUが発表したタバコ規制指令の控えめな名称だとわかった。その指令がこの時期に、イギリスのタバコ産業に着地していた。

副社長の説明によれば、DG5の意味合いはかなり重いものだった。ヨーロッパのタバコ産業を規制するために特別に考案されたもので、EU加盟国の政府にそれぞれの国のタバコ会社を次の三つの具体的な指令に従わせるように命じた。

その一。タール、ニコチン、一酸化炭素の排出量を軽減する世界的基準を満たすこと。それゆえ、喫煙マシンは自分のオフィスで一日中タバコを吸っている。排出量を引き下げるには、製品の製造方法に大きな変化が求められる。これは、解決すべき課題としてR&Dに手渡された。

その二。製品への特定の添加物の使用を中止すること。この責任もR&Dに引き渡された。

その三。タバコの箱に健康被害の警告をさらに大きく印刷すること。これはマーケティング部門が解決すべき問題で、調整には高額の費用がかかる。すべてのパッケージを複数の言語でデザインしなおさなければならないからだ。そして、フルカラーで新しい警告を加えなければならない。二八種類の製品のパッケージをヨーロッパの二五か国に向けて作らなければならず、それは、合わせて数百種類のデザインになることを意味した。

弁護士は、なぜDG5がR&Dの頭脳にとっての重荷になっているのかがわかってきた。

EUは、タバコ会社が指をパチンと鳴らせば、指令に従った新しいタバコを製造できると考えたかもしれないが、そうするには、研究者たちが新しい基準に従って製品の内側も外側も徹底的にデザインしなおさなければならない。

これはタバコ規制の目には見えない側面で、一夜にして変化を起こすことはできない。場合によっては、非常に人気のある製品にも変更を加える必要があるかもしれない。もし誰かがコカ・コーラのレシピに含まれるコーンシロップを減らさなければならないとか、マクドナルドにビッグマック用ソースの材料を突然変えなければならなくなったと告げたとしたら、どうだろう？

会社からしてみれば、こんなばかげた状況はない。大事な顧客たちはその製品に一〇〇パーセント満足してくれていたかもしれないが、政府はそうではなかった。だから、このフレーバーは取り除け、この効能は取り除け、この添加物は使うな、と言ってくる。それも、すぐに変更を加えなければならない。

喫煙マシンが測定するタール、ニコチン、吸い込まれる一酸化炭素の量に関してさえ、その機械が実際に、人間がタバコを吸う状況を完全に再現しているかどうかについて大きな意見の相違があり、問題は複雑なのだという。

たとえば、タバコを吸うことで体内に取り込まれるものは、その人の行動によって違いが生じるという意見があった。だから、機械が提供するデータ一覧はつねに科学界や業界で議論の的になっている。

その人は肺が強く、煙を深く吸い込むだろうか？　煙を吐き出すときの時間は長いだろうか、短いだろうか？　吸い込むときには指でフィルターの通気孔を覆っているだろうか？　吐き出す前に何秒くらい肺に煙をとどめているだろう？　弁護士は自分がタバコを吸うときのことを考えてみた。

これは、R＆Dが解決を迫られた難題のほんの一部にすぎない。チームは弁護士に、彼らが抱えるもうひとつのジレンマを辛抱強く説明した。タールとニコチンの量をEUが求める基準まで減らさなければならないが、顧客を満足させる範囲内での引き下げにしなければならない。彼らはアルコールを例に使った。

たとえば、あなたが毎日、仕事終わりに好みのブランドのビールを飲んでいるとしよう。ラベルにはアルコール分が五パーセントと書いてある。もしそのボトルを一本飲み干せば、もちろん、五パーセントのアルコールを取り込むことになる。

しかし、そのいつも飲んでいるビールのアルコール分が突然、三パーセントに引き下げられたとしたらどうだろう？　仕事終わりのビールをそのまま一本にとどめるだろうか、それとも、アルコール分の差を埋めるために二本に増やすだろうか？　新しくなった製品に満足するだろうか？　社内の誰にもその答えはまだわかっていなかった。

それでも、タール、ニコチン、一酸化炭素の「天井」は否応なく低くなり、したがって、喫煙マシン――コンプライアンス担当副社長――を所有している大手タバコ会社のR&D部署はどこも、製造するすべての銘柄のタバコがそのルールに従っていることを証明しなければならなかった。

弁護士はR&Dチームに、リスクを軽減した代替製品についてたずねてみた。彼らはまだ「より安全な」タバコの開発努力を続けているのだろうか？

確かに、彼らは何年もかけてそうした新製品の開発を試みてきたが、成果はなかった。

「安全なタバコの開発に相当な予算をつぎ込んできましたよ」。チームの年長のメンバーが言った。理想的な究極のタバコを求めてきたものの、すでに巨額の資金を浪費していた。

しかし皮肉なのは、顧客は安全な製品を求めているわけではないということだ。彼らは健康リスクの警告の文字がどんどん大きくなるタバコの箱を買い続けている。チームとの会話を続けるうちに、弁護士はここの人たちが触れようとしない話題があることに気づいた。タバコ製品に関連した実際の健康リスクのことだ。彼らが話しているのはコンプライアンスについてであって、喫煙の危険や中毒性に関連した問題についてではなかった。

弁護士はタバコにニコチンを入れることについて質問した。すると、全員が妙な顔をして彼を見つめ、口をつぐんだ。しかし、ひとりが答えてくれた。

「いいですか、これは合法的な事業です。テレビで目にすることをすべて鵜呑みにはしないでください」。おそらく、一九九六年の『シックスティ・ミニッツ』について言っていたのだろう。別のタバコ会社とそこのR&D部署に焦点を当てた特集を放送した番組だ。

工場を訪問するまで、弁護士はR&Dをジェームズ・ボンド映画に出てくるQ課のような場所として想像していた。研究室に足を踏み入れたとたん、未来からやってきたようなあらゆる種類のおどけた装置やデザインに目を奪われるのだ。

その代わりに、ここでは時代遅れの重役室に座る、たくさんの口を持つ機械が、終わることなく供給されるタバコの測定を一日中続けて、R&D全体に静かな権威を漂わせている。それが、このR&Dの研究室にも、政府の存在があることを思い出させる。隣の倉庫のなかで課税対象の製品を守っている制服姿の役人のようには、簡単に目につかないだけなのだ。

その午後、弁護士が学んだことがもうひとつある。タバコの基本的なデザインは何十年も変わっていないが、この人気製品はつねに変わり続けているということだ。大事な顧客がまったく変化を望んでいないとしても、である。

変更はする。ただし、何ひとつ変わってはいけない。それが正反対の目標に思えたとしても、ここにいる白衣の魔術師たちは両方の仕事を成し遂げなければならない。何かの手品のようだ。実際に、タバコのパラドックスは監視の目をかいくぐり、この研究施設でくつろいでいるように思えた。タバコの規制に関しては、北アイルランドでは間違いなくまだ紛争が続いていた。弁護士が知るかぎり、政府のコンプライアンスの責任は崩れ去り、企業内でのイノベーションという考えにうまく置き換えられてきた。

R&D訪問後、弁護士の頭のなかに小さな電球が灯った。なぜこの会社が自分を法務部に雇い入れたのかがわかった。彼の役割はタバコ製品をねらい撃ちした政府の新しい規制と指令を遵守するように、この会社を監視することになるのだろう。その新しいEUからの指令はR&D部門に重くのしかかり、彼の新しい仕事生活にも影を落とし始めた。

結局のところ、彼は法廷で立ち上がり、この産業を守る弁護士になるのではない。自分の会社が——工場見学で会ったすべての従業員を含めて——このいまいましい指令すべてに間違いなく従うようにするのが仕事なのだ。これからコンプライアンスの重要性と危機管理についてこの会社の人たちに教えを説いていく。それがはっきりわかった。

それでも、これまで会った同僚たちの好意的な態度はうれしかった。彼らは強い信念を持っている。運転手のマデリーンにこの地域で最上級のホテル、ガルゴルム・マナーまで送ってもらう車のなかで、彼はコンプライアンスの問題について考えた。

いったん部屋に戻り、それからホテルのレストランに夕食を食べに行った。バーに座ると、同じ会社の人間がかなりいることに気がついた。彼が一本タバコを吸う間に、バーにいる誰もが二本吸っているように思える。そして、みな同じように翌日は朝七時には起きなければならないはずなのに、彼が酒を一杯飲む間に、他の人たちはみな二杯、おそらくは三杯飲んでいた。

バーにいた社員のひとりが、恋人はいるのかとたずねてきた。

「ええ、婚約者がいます」と、彼は言った。

「違う、違う。ここに恋人はいるのかい？　たびたびここに来るのなら、ひとり見つけておくべきだ」

なるほど、これが国際的な企業文化の一部ということか。

バーで酒をすすっているうちに、彼はフロリダでの休暇中に婚約者にプロポーズしたときのことを思い出した。彼らは夕食を終えたばかりで、メキシコ湾を見下ろすホテルのバルコニーでワインのボトルを開けて楽しんでいた。

婚約指輪は持ってきていなかった。その代わりに、部屋のなかで、彼女が見ていないすきに偽物の手書きの飛行機の搭乗券を作った。カナダ航空のトロント行きの飛行機だ。そこで婚約指輪が待っている。先祖代々伝わる家宝の指輪で、両親の家に安全に保管してある。彼が自分では買えないくらいの高級な指輪だった。

その晩、バルコニーで、彼はポケットに手を入れ、手書きの搭乗券がまだそこにあることを確認した。それから、あざやかなオレンジ色の夕日を見つめている恋人に微笑んだ。彼女は微笑み返してくれた。

「一〇秒後にひざまずいて君に結婚を申し込む。だから、君はそれまでに答えを考えておいてほしい……」

彼は搭乗券を取り出すと、声を出して一〇からカウントダウンした。プロポーズすることに興奮し、彼女の答えを聞くことに緊張しながら。

外国のホテルのバーで、彼はこの温かな思い出にひとり浸った。

酒を飲み干し、支払いを済ませると、数分後には部屋に戻りドアを閉めた。眠ろうとしたとき、隣の部屋の男が「アイルランドの恋人」とセックスを楽しんでいる音が聞こえてきた。

翌日、弁護士は空港で婚約者への土産に香水を買った。

ドライブチーム

ロンドンに戻ると、ナンシーが彼のスケジュールを更新し、タバコのトレイを満杯にしてくれていた。

メアリーが説明したように、彼はまず、この会社がどのように「スティック」を売っているかを学ぶ必要があった。工場の倉庫にきっちりと積み重ねられていた大量のカートンが、どこへ運ばれていくかをできるかぎり理解するということだ。

それから数週間、弁護士はロンドン本社で、販売マネジャーからタバコがどのように売られるかについての大量の情報を吸収した。タバコ大学の学位取得のための勉強の再開だ。タバコは日用消費財（比較的短期間に消費される「動きの速い」製品）に分類されると教えられた。

ポテトチップス、炭酸飲料、新聞、チューインガム、そしてアルコール飲料――これらはすべて短期間に消費される。コンビニエンスストアの棚にあるほとんどすべての商品は日用消費財だ。

それでは「動きの遅い」消費財とは？　家具、電化製品、車など、より高価で大きなものなどだ。

弁護士が二〇〇一年にこの会社に入ったとき、タバコの売上は急増していた。一年に数十億本ものタバコがイギリスで売られ、その売上のおよそ四〇パーセントを彼の会社が占めていた。

タバコを売るためのこの会社の戦略は、消費者行動についての深い知識と、販売場所あるいは販売経路に基づいていた。

ありがたいことに、国内市場には学ぶべき主要販売経路が四つしかない。スケジュール表によれば、弁護士は再び現地視察に送られることになっていた。今回はロンドン市内の移動で、販売部門の一番下に位置する「ドライブチーム」について知ることが目的だ。

彼はドライブチームが何であるかを知らなかった。

メアリーからは現地視察にはスーツを着ていくように助言され、夜はホテル泊になるだろうと言われた。会社は新入り弁護士にあらゆる経験をさせようとしていた。

その晩、自宅に戻って、婚約者に翌日は泊りがけの仕事に出かけることになったと告げた。彼女は応援してくれていた。彼はよさそうなスーツとネクタイを選び、靴を磨いておいた。


朝、本社の駐車場へ行くと、ベンという男性が青いボクスホール・ベクトラに乗って待っていた。典型的なセールスマン向けの車だ。

「やあ、どうも。今日は僕と一緒に回ってもらうよ」。ベンがそう言った。引き締まった体をしていて、ハンサムだ。

弁護士は助手席に乗り込んだ。

ベンは彼と同じくらいの歳だった。二十代後半だ。軽い世間話を交わしたあとの第一印象は――弁護士のものほど高級ではないスーツと話し方から判断するなら、ベンは労働者階級だ。気さくで、おしゃべり好き。タバコが好きらしい。

ベンはすでにタバコに火をつけていたので、弁護士もそうした。ロンドンの中心部に入るまでに、ベンは弁護士の倍の本数を吸っていた。

「ところで、この会社に入ったのはいつ？」ベンがたずねてきた。

「入社したばかりだよ」

「イアンのところで働くのかい？」

「イアンって、誰？」

「僕のボスだけど」。ベンは少しとまどったようにそう言った。

ベンのところまで流れてくる情報は限られているようだったので、弁護士はそのままにしておいた。ベンには自分が誰の下で働いているのかを告げず、ベンからもたずねてこなかった。間違いなく、ベンは自分が管理職クラスの社員を研修ツアーに連れ出しているとは思っていなかったはずだ。というより、自分が車に乗せた男はドライブチームの新しいメンバーになるのだろうという印象を持ったかもしれない。

ベンのような男と一日を過ごした経験はこれまでなかった。弁護士はトロントのアッパーミドル階級の家庭で育ち、大きな家に暮らし、お金のかかる学校へ通った。ジャーナリズムの世界で働いていたときには、印刷メディアよりも華やかなテレビ局にいて、その後、ロースクールで学んだ。特権階級に属し、ベンのような人たちとは交わってこなかった。

車はサウソールに入った。一九九七年の悲惨な列車衝突事故で有名になった地区で、アパートが立ち並び、コンビニエンスストアが住民の暮らしに欠かせない役割を果たしている。ここがベンのテリトリーだった。

ついでながら、弁護士は彼らがその日訪ねた地区のどこにも、それまで足を踏み入れたことがなかった。だから、これはちょっとした楽しい遠足で、なじみのないロンドンの区域へのガイドつきツアーのようなところがあった。彼らがたずねた家族経営のコンビニは、タバコの売上のかなりの割合を占めていた。販売マネジャーからは、四分の一を超える、と教えられていた。

ドライブチームの一員であるベンの仕事は、毎日、自分の受け持ち範囲にあるコンビニを一定数回ることだった。スーパーマーケットやチェーンの食料品店、ガソリンスタンドは相手にしない。ロンドンのこの特定の地区にある独立経営のコンビニだけをターゲットにしていた。

手順はこうだ。ベンは店の外に車を停めると、車の後部へ回り、ジム用バッグを取り出す。そう、彼こそが、タバコを詰め込んだジムバッグを抱えてやってくる男だ。

彼が仕事に使う専門道具は、ジムバッグと携帯電話だ。弁護士が見るかぎり、車が彼のオフィスだった。バッグのなかにはタバコのカートンが入っているが、販促用グッズもある。特定銘柄のロゴ入りライター、取り換え用の広告、棚のタバコに光を当てるライトボックス用の電球などだ。

ベンは車をロックし、バッグを持って店のほうに向かった。弁護士はもっと目立たないスーツを着てくればよかったと思った。靴がピカピカなのを見て、磨かなければよかったとも思った。

ここは、ロンドンの南アジア系の労働者階級が多く暮らす地区だ。ベンは白人で、弁護士も白人で、ふたりともスーツを着ていた。車から降りた彼らのスーツから放たれる企業のオーラは、この地区の雰囲気にはそぐわなかった。弁護士は自分が麻薬の売人になったかのように感じた。

彼はベンに続いてコンビニのなかに入った。

店のオーナーである夫婦がレジカウンターの後ろに座っている。弁護士がちらりと見ると、ベンは彼らをこの日用消費財の王国の王と王妃のように扱っていた。

店内をざっと見回してみる。スーパーマーケットと比べればみすぼらしく、照明も暗い。商品棚は少し歪んでいるが、ギフト用品、缶詰、お茶、ソフトドリンク、チョコレート菓子、米、カレーソース、玉ねぎ、それに彼がこれまで見たこともない野菜が何種類か置いてあり、品揃えは豊富だった。

王と王妃は、ベンが声をかける前から、彼が何者かをわかっていた。すぐに、彼らがベンのことを嫌っていることもはっきりわかった。顔にそれが表れている。ベンを見たとたんに、彼らの目は輝きを失った。

「やあ、こんにちは」。ベンが王様に挨拶した。

ベンは快活だった。弁護士のことは彼らに紹介しないままだ。しかし、ベンがどれほど陽気に振る舞ったところで、関係なかった。オーナー夫婦は彼のことをくず人間であるかのように見ていた。その日に訪ねた店の経営者のほとんどが、ベンのことを同じような目で見ていた。

弁護士はそのことを興味深く思った。タバコのカートンを安く売る話を持ちかけるベンは、陽気な男だ。ところが、オーナー夫婦はベンの見かけの陽気さの裏に隠れた事実を見抜いていた。彼が強大なビジネス帝国を代表する、弱者を食い物にする企業の回し者ということだ。

弁護士について言えば、夫婦は彼のほうを見ようともしなかった。ベンの助手だと思っていたのだろう。

弁護士はカウンターの後ろにある棚をざっと見た。これらの独立経営のコンビニはハーフサイズのカートンをせいぜい一〇個ほどしか棚の上に置いていない。つまり、スペースを確保するための激しい競争が繰り広げられている。

なぜこうした店は、限られた数のタバコしか置かないのだろう？　それは犯罪に備えるためだ。強盗や泥棒に襲われる危険がつねにある。

コンビニに強盗に入ろうと思うような連中は、チョコレートやガムや玉ねぎを盗んだりはしない。現金とタバコを盗む。タバコは貴重で、軽いので運びやすく、闇市場でも——ベンが持っているようなジムバッグに入れて——簡単に売ることができる。

おかげでベンは、この王と王妃が支配する消費財王国の重要な一部になる。彼は直接、店主のところへやってくる。店主は彼のことは好きではないけれど、それでも取引をする。ベンはコンビニエンスストアにとって便利な男なのだ。彼らの王国に重要な製品を直接届けてくれるのだから。

状況を複雑にしているのは、これらのコンビニの店主たちが、タバコからはあまり利益を得られないことだ。タバコを売るのは、タバコを買う客が他の商品、たとえば菓子、新聞、コーラなど、利益性の高い日用品を買ってくれるかもしれないからだ。

これは消費者のタバコ依存の習性に基づいたビジネスモデルだ。近所に喫煙者が多く住んでいるなら、彼らの好みの銘柄のタバコを置いて店に誘い込めば、他の商品も買ってくれることが期待できる。

その観点からすれば、ベンの存在はこの消費者の生活サイクルにとって重要だ。とくに、大量に商品を仕入れて、したがって安い価格で売ることのできる、品揃えの豊富な洗練された食料雑貨店と競争しなければならず、なんとか客を引き寄せようと苦労しているコンビニにとっては。

ベンの仕事ぶりを見ているうちに、弁護士はなぜドライブチームにとって、こうした家族経営のコンビニがこれほど重要で、弱い立場にあるのかがわかってきた。これらの店にははっきりした「棚割り計画（プラノグラム）」と呼ばれるものがなかった。

もしあなたがタバコ好きなら、そしてあなたが賢い人なら、これらの店ではタバコを買わないだろう。タバコ会社にとって最も重要な販売場所、スーパーマーケットで買うだろう。「スーパー」と呼ばれるのには理由がある。店舗が大きく、組織化されている。そして安い。スーパーを利用する客は時間もお金も節約できる。

スーパーマーケットは、コーラをひと缶買うために行く場所ではない。ケースで買う。喫煙者なら、毎週または毎月のスーパーでの買い出し日に、タバコをまとめ買いするだろう。

弁護士はタバコ会社で働き始めてすぐに、驚くべき数字を見せられたことを思い出した。イギリスで消費される一一ポンド当たり一ポンドが、この国で最大の食料雑貨チェーン店「テスコ」で消費されていた。

スーパーは自分たちが提供する価値をよくわかっており、製品の仕入先企業からできるだけ絞り取るために、高度に組織化されている。これを最も効率的な方法で行なうために、スーパーの経営陣はプラノグラムと呼ばれるシステムを導入して、貴重な商品の配置を管理することにした。

プラノグラムとは何か？　それは、スーパーマーケットの商品棚のスペースの隅々まで網羅する詳細なマップだ。伝えられるところによれば、一九八〇年代にKマート〔訳注／アメリカの小売業者。日本にかつてあったものとは無関係〕がプラノグラムを開発し、すべての店舗の商品棚を正確に地図化したのが始まりで、この考えは小売業界全体にあっという間に広まった。

プラノグラムは、ひとつの商品をどこに置くのが最もよいかを正確に教える。目の高さか、一番上の棚か、一番下の棚か、それともレジから一番離れている通路の、客の目にあまり入らない場所か。

同じくらい重要なこととして、プラノグラムは企業の担当者に、自社製品が他社の競合製品と比べて、どこに配置されているかを正確に教えた。

おそらくあなたは、それぞれの商品の陳列場所は在庫担当者に任されていると思っていたのではないだろうか？　実際には違う。スーパーは扱うタバコの銘柄すべてを在庫管理システムで管理している。小売業界用語でSKU（stock-keeping unit）と呼ばれるものだ。SKUのコンピュータプログラムがすべての商品を追跡し、人間のスタッフに特定の商品をどこに置くべきかを指示している。すべてを見通す監視システムだ。

商品は魔法のように棚の上に現れるわけではない。スーパーマーケットの日用消費財に関しては、メーカーの担当者が自社商品を陳列して販売してもらうために、スーパーと交渉して、プラノグラムが決定する商品棚のスペースを借り、そのためのお金を支払っていた。これは「ペイ・トゥ・プレイ（pay to play）」と呼ばれるもので、プラノグラムは世界中の食料品店が利用するほぼ標準的なシステムになった。

弁護士の会社にも、プラノグラムに対処する担当者と責任者のチームがあることがわかった。交渉して合意し、プラノグラムが導き出す価格をできるかぎり値切り、可能なときには（タバコの販促がまだ違法でないところでは）特別な販促キャンペーンの許可を得る。

もしタバコ会社が一カートンのタバコを通路の一番手前の、客がタバコのコーナーに来たときにすぐ目に入る場所に置いてほしければ、それに対してお金を支払った。

費用はかかるが、それだけの価値があるのだと、弁護士は学んだ。システムの抜け道を利用する方法はなく、支払った額に見合うものを与えられる。スーパーでタバコ製品の配置を決めるこの洗練されたシステムは、歯磨き剤、シリアル、コーラなどに対しても使われている。

しかし、コカ・コーラを飲む人の大部分は、より目立つ場所にあるからという理由でペプシを買ったりはしない。買うのはコカ・コーラと決まっている。したがって、目の高さや、通路の一番手前の商品棚を確保するために割増金を支払っても、実際には、消費者の多くが自分の好みのブランドに生涯忠実なままで、買い物に行くときにはそのブランドを求めている。

ブランド・ロイヤルティがこれほど強固なのであれば、企業の販売チームにとって、スーパーがなぜ競争の激しい場所であり続けるのか、不思議に思うかもしれない。実際には、ベンと弁護士がその日訪問したようなコンビニ王国と比べれば、スーパーでの競争で優位に立てることは稀(まれ)にしかない。

「いい知らせがありますよ！」

ベンがオーナー夫婦に売り込みを始め、ますます口が滑らかになった。

彼はイギリスではあまり知られていないアメリカの有名ブランドのタバコのプロモーションについて大げさに語ってみせた。

まず、魔法のジムバッグからタバコのカートンを取り出した。そして、金の延べ棒であるかのように、オーナー夫婦の前に掲げてみせた。自分の会社が製造する最も人気のブランドを提供するほうがベンには楽だっただろうが、彼はそうしなかった。

ベンは有名ブランドも、高級ブランドも、すすめようとはしなかった。これらは基本的には何もしなくても売れるからだ。ベンがとくに力を入れているのは、売上がよくないブランドを売ることだった。誰も買いたいと思わない製品をこうした店に押しつける。つまり、彼の毎日の仕事は、少しばかり映画『摩天楼を夢みて』を思わせるところがある。不動産で言うなら、彼は沼地を売っていた。

ベンの特別なオファーとは？　「このすばらしいタバコ一カートンを小売価格で買っていただければ、もう一カートンを無料で差し上げます」。

悪くない話だ、と弁護士は思った。断るのが難しい申し出だ。

「それだけではありませんよ」。ベンは言った。

彼は魔法のバッグからさらなる試供品を取り出した。ライター一束、ライトボックス、商品の広告板など、気前よくおまけにつけるための宣伝用の小物類（実際にはがらくた）だ。

しかし、がらくたのライターでも、店主たちには役に立つ。貴重な客との信頼を築くためにサービスとして渡してもいいし、普通に売って利益を得ることもできる。そして、すでに雑然としたカウンターの上にこの広告板を置けば、ベンから激安で購入した新しい銘柄のタバコを売るのに役立つだろう。

特別な取引と一〇〇ワットの笑顔、そして無料の販促グッズ。それらはベンにとって目的達成のための手段だった。スーパーと同じように、これはわずかなスペース、商品棚の数センチのスペースや、レジスター横の数センチのカウンタースペースを奪い合う戦いだ。

ベンの目標ははっきりしていた。自社製品を店主の後ろの棚の目の高さに置いてもらい、販促グッズ――ライター、ライトボックス、プラカード――を手前のカウンターに置いてもらうことだ。

彼はすばやい交渉で、すぐにカートンと無料のライターで取引をまとめた。それと交換に、この大安売りにはもうひとつの条件があった。ベン自らがカウンターの後ろに入るのを認めてもらうことだ。弁護士が見ていると、王と王妃が脇によって、ベンを彼らの聖域に入れた。

ベンはジャケットを脱ぎ、シャツの袖をまくり上げ、二分もすると昔風の商品補充係になって、早業の奇術師のように棚の上のタバコの箱を動かし始めた。

弁護士はすぐに、この取引の価値がわかった。ベンの行動は、スーパーでは決してできないものだ。しかしここでは、彼の行動に警告を与えるSKUプログラムは存在しない。ベンは棚の上の商品を並べ直して、自社製品がレジで支払いをする客の正面の、目の高さにくるようにした。

ただ棚の上のタバコの位置を動かすだけで、客の購入習慣を変えられるなどと信じるのは、ばかげた考えなのだろうか？

そんなことはない。まったくおかしなことではない、と弁護士はわかってきた。ブランドに忠実な客でさえ、決断の瞬間に少なくとも三つの基本的な問いかけをする。自分の目の前にあるものは何だろう？　一番手早く買えるものは何だろう？　一番安いのはどれだろう？

一般の喫煙者はカウンターの後ろの棚の目の高さに、知らない銘柄のタバコがあるのを見て、こうたずねるかもしれない。「あれはいくら？」。弁護士は、自分がはじめてタバコを買ったときのことを思い出した。カウンターの上にあった広告がたまたま目に入ったから、バンテージを選んだのだ。

もうひとつの可能性がある。普通の喫煙者は、ライトボックスの上の魅力的な値段を見て、そのブランドに決めるかもしれない。「あれをひと箱もらうよ」

自社製品を目の高さに置き、ライバルの製品をそこから動かす。カウンターとタバコの棚の間の、客の視線のまっすぐ先にあって、忙しい一日のほんの数秒でも見てもらえる場所に、できるだけ多くの広告をちりばめる。ベンのそうした努力が、競合会社に対してわずかな優位を自分の会社に与えるのだった。

ベンは仕事を終えた。交渉をまとめ、ひとつのコンビニ王国の商品の配置を変えるというすべてのプロセスに一〇分もかからなかった。最後に王様が現金で支払いをする。ベンはそれを受け取ると、すばやくポケットに押し込んだ。

「それでは失礼しますよ。またすぐに来ます」。彼は王様に言った。

弁護士も続いて外に出ると、ベンのオフィスであるボクスホールに戻った。

ベンは車のなかでリストに何かを書き入れると、タバコに火をつけた。ふたりはリストにある次のコンビニ王国へと向かった。

ベンは製品をくすねているのではないだろうか。弁護士はそう疑った。タバコがなくなると後部座席に手を伸ばし、二、三箱手に取って、ひと箱を弁護士に放ってきたからだ。それとも、これは仕事上の特典で、工場の従業員が毎日休憩時間に無料でタバコを吸えることや、弁護士自身の部屋のタバコのトレイが毎朝いっぱいになっているのと同じなのだろうか？

ふたりは昼食をとりにインド料理店へ行った。これまで食べたどのインド料理よりもおいしかった。味わったことのないスパイスを使っている。残念ながら、あとになってその辛さが彼の消化器系を崩壊させ、彼自身が何度もコンビニのトイレを利用しなければならなくなった。そのトイレの状態については、語らずにおいたほうがいいだろう。

それから、彼らはガソリンスタンドで満タンにした。

ガソリンスタンドに併設するコンビニは、弁護士が嫌というほど学んだ四つの販売経路のなかで、次の段階に位置するものだった。ガソリンスタンドではあるものの、この経路は素っ気なく「コンビニ経路」と呼ばれていた。その理由は、自動車が普及したときに、ガソリンスタンドとともにコンビニが数を増やしていったからかもしれない。

スーパーが大型書店で、家族経営のコンビニ王国が自営の書店だとしたら、ガソリンスタンドの店舗は空港のなかの書店のイメージかもしれない。何でも売っているわけではないが、置いてあるのは売れ筋商品ばかりで、『ニューヨーク・タイムズ』紙で紹介されるベストセラーやオプラ・ウィンフリー司会のトーク番組の「ブッククラブ」のコーナーで選ばれた、とくに人気ですぐに売れる本が多い。

ガソリンスタンドのカウンターもやはり、前払いでの商品棚スペースの確保とプラノグラムが支配する領域だが、店舗のほうが有利な立場になりうる。スーパーとは違って、ここでは喫煙者は一度にひと箱だけ買う傾向がある。そして、この綿密に管理された商環境で、タバコ会社は棚の上のスペースをカートンではなく箱のサイズで借り、店舗はそのスペースに対して割増料金を要求できる。販売店もタバコ会社も、それぞれの箱の売上でまずまずの利益を得る。

誰もが勝者になれるというわけだ。

弁護士とベンは、コンビニ王国をさらに回り、行く先々で、弁護士はベンがこの仕事を非常にうまくこなしているところを目の当たりにした。

ベンの武器は、愛想のよさ、粘り強さ、すばやさだ。彼はその日ふたりが訪ねたそれぞれの王国で、越えられるライン、越えられないラインをしっかり把握していた。王国の経営者によって採用する法律は少しずつ異なるが、ベンはそのすべてを暗記しているように見えた。

彼は自社ブランドを店舗の棚に置いてもらうという縄張り争いの前線の兵士だった。そして、その前線には敵の兵士たちもうろついていることがわかった。

その午後遅く、ベンはある店の前に車を停めたが、それまでのように急いで店内に入ろうとはしなかった。

「待て。知っている車だ」。彼は少し興奮したようすでそう言った。

それは、ロスマンズの担当者だった。

ライバル会社の担当者が店内にいる間、ふたりは座ってタバコを吸っていた。B級映画に出てくる張り込み中の刑事のようだった。数分後、ロスマンズの男がジムバッグを抱えて店から出てくるのが見えた。彼は車に乗り込むと、次の標的に向けて走り去った。すかさずベンが動いた。

この王国のなかでは、ロスマンズの製品が置き場所を移動して、目の高さに置かれたばかりだった。

ベンはジムバッグを開くと、笑顔を見せて得意の売り込みを開始した。店主たちは彼に冷たい視線を向け、適当に調子を合わせるだけだ。彼らは別の営業マンのまったく同じ大げさな売り込みに文字どおり耐え抜いたばかりだった。

ベンは彼の武器庫から、もうひとつの交渉戦術を取り出した。競争相手には致命的な作戦、タバコの交換である。ベンは断固とした決意を持っていた。これは戦争なのだ。

「向こうの会社のタバコを、そうですね、一〇箱ほどいただければ、こちらから二〇箱を無料で差し上げますよ」。これはベンの最も攻撃的な戦術のひとつで、王国にとっては得になる取引なので、受け入れられた。

ベンが店から店へと移動している間に、他のタバコ会社の営業担当が同じことをしている。毎週毎週、一日中、競争相手はベンが成し遂げたことのすべてを覆す。ベンが彼らの製品を排除するのと同じように。ライバル会社のドライブチームも、タバコを詰め込んだジムバッグとともにロンドン中を車で走り回り、コンビニのカウンターの後ろに入り込んで、せっせと商品の配置を変えている。

これは狂気の沙汰だ、シーシュポスの神話〔訳註／コリントの王シーシュポスは、ゼウスの怒りにふれ、絶えず転がり落ちる大石を山頂に押し上げる永久の罰を科せられた〕とマペットショーの合体だ、と弁護士は思った。しかし、他社がそれをしているのなら、自分たちだってやらないわけにはいかないだろう。ベンは会社にとっての歩兵で、必要とされる厳しいセールスの仕事をしていた。

その日一日で、一〇から一五のロンドンのコンビニ王国を訪問して、ベンがカウンター越しの棚の目の高さにあるタバコの配置を変えるのを見守った。それから、彼らはベンの上司のところにその日の行動を報告しに行った。

もう午後七時で、あたりは暗くなり始めていた。街灯とネオンの光が街を活気づかせるなか、彼らは最後の目的地であるポストハウスホテルに車を停めた。

そのホテルはベンの担当地区からは外れているが、ボスがシフトを終えたセールス担当を呼びつけるのが、そこだった。ロンドン中から戻ってきた数人のドライブチームのメンバーが、夕方になるとこのホテルのバーに集まり、ボスに報告するのだ。

青いボクスホールがベンのオフィスだとしたら、このホテルは重役用会議室だ。弁護士はポストハウスホテルに宿泊したことはなかった。ホリデイ・インのイギリス版といったところだろう。

ベンは車の後部に行くと、現金を入れた包みと、その日ずっと書き込みを続けたリストを取り出した。それから、ふたりはホテルに入り、まっすぐバーに向かった。

バーのなかは煙が立ち込めていた。彼らはドライブチームの他のメンバーと一緒に、長いテーブルに座った。セールス担当はほとんどが男性だったが、全員ではない。ベンのほかに八人いて、女性はみな美しく、男性はハンサムだと弁護士は思った。

ボスはイアンという名で、近くの別のテーブルに座った。

他のメンバーより年長で、革のジャケットを着ていた。ヘビースモーカーで、彼の前には酒のグラスがある。弁護士がその場に加わることを知っていたようだが、管理職だと知っていたかどうかはわからない。

イアンはそれぞれの担当者にその日の仕事について細かく質問した。矢継ぎ早に質問をしながら、現金を受け取り、在庫の確認をする。弁護士はこのようすを見て、これはどんな種類のビジネスなのか、と疑問に思った。そもそもベンは正規の社員なのだろうか？

ベンが報告する番になると、弁護士は彼の近くに座った。イアンがそれに気づいた。

「今日一日、どうでしたか？」イアンはほとんど弁護士に目を向けずにそうたずねた。

「問題ありません」。彼は答えた。

イアンはうなずいた。これがイアンとの会話のすべてだ。

イアンはベンとの話に集中した。どの店が何をどれだけ買い取ったか、ベンは必要なものすべてを売りつくしたか、ライバル会社のようすはどうだったか、ライバル会社の担当者に出くわしたか。彼らはそうしたことをしばらく話していた。ベンはテーブルの上で六〇〇ポンドを数え上げ、イアンはその金をテーブルからつかんだ。そこで、ベンが弁護士のほうを向いた。

「これで今日の仕事は終わりだ」。彼は笑顔を見せて言った。

イアンはベンに現金をまったく返さなかった。

彼はドライブチームのそれぞれのメンバーに次のものを渡した。ホテルの部屋の鍵、レストランでの無料の夕食券、ビール二パイント分のバウチャー。もし二杯以上飲みたければ、自分で支払わなければならない。むき出しのイギリス労働者階級の暮らし——タバコ、サッカー、酒、そして現金ビジネス。

ドライブチームのメンバーになることを夢の仕事と思う者はいないだろうが、彼らはみなその週の目標を達成するために仕事をしている。店に最も多く製品を置くことができた者には、賞品が与えられる。その賞品とは？　ご想像どおり、さらに多くの無料のタバコだ。彼らはみな喫煙者なのだから。

二杯のビールは、あっという間に飲み終わった。

女性メンバーのひとりが、弁護士を見つめてきた。

「あなた、入社したばかりなのね？」

「そうですよ」

「前はどこで働いていたの？」

「ロンドン」

「きっと、この人はスパイとして送り込まれたのよ」。彼女はグループの仲間に向かって言った。

弁護士はうなずいて、彼女に微笑んだ。「そのとおり。当たりだよ」


弁護士は無料のビールを飲み、バーの客を見回した。

バーは四番目の販売経路の一部だ。その経路はじつにさえないHORECAの頭文字で呼ばれる。ホテル、レストラン、カフェを表すが、鉄道駅、空港、ナイトクラブ、ゴルフクラブ、ボウリング場、そして、チェーンストアやコンビニではないすべての場所も含む。このホテルのバーが格好の例だ。

HORECAについて詳しく学ぶときには、弁護士がそうしたように、ふたつの種類の販売方法を考慮しなければならない。人を通して、通常はバーのカウンター越しに扱われるひと箱ずつの販売と、機械を通して売られる箱の販売だ。

事実を明かせば、バーテンダーから買うか、機械から買うかをあらかじめ決めている人はいない。どちらにしても、高い料金を支払うことになる。

あなたはその状況を何度も目にしてきたはずだ。バーテンダーがいて、そのバーテンダーはカウンターの下にいくつかの銘柄のタバコを入れた小さな容器を隠している。種類は多くなく、おそらくあなたの好みのブランドではない。あなたがそのうちのひと箱を買うと、バーテンダーは笑顔でかなりの料金を要求する。だから、HORECAを通した販売は、「やむなしの購入」と呼ばれる。

この販売経路全体が、消費者の切迫感に基づいている。あなたがこの方法でタバコを買うのは、外は寒いから、大事な人と別れ話をしている最中だから、友人が落ち込んでウォッカを飲みながら泣き崩れているから、バーにいる誰かから目が離せなくなり、まだ動きたくないから、あるいは、飲みすぎてドアの場所すらわからず、外に出てもっと安いものを買えそうもないから、という理由のためだ。

そこで、店の隅の暗い場所で誘うような光を放ち、照明の当たるプラスチックケースの向こうに魔法の小さな箱を浮かべている、あのすばらしい小さな機械が目に入る。ああ、助かった、これで今晩は大丈夫だ！　外まで行かなくていい！　あの機械でタバコが買える！

心理学的には、おそらく人間より機械からぼったくられるほうが、痛みは小さいだろう。自動販売機のところで、あなたはそこのタバコの値段が、端数を切り上げて高くなっていることに気づく。なかにある箱は、その機械の所有者がかなりの利ざやを稼げるように、特別に製造されたものだ。入っている本数が少ない、割高な商品になっている。

そう、自動販売機帝国というものもあり、それらの会社は非常に景気がよい。あなたが怠け者で、前もって計画しておくことをせず、夜遅く、疲れ切った状態であれば、高い料金を支払ってもいいと思ってしまう。

機械相手に交渉したり、口論したりはできない。あなたは購入を選択した。機械が天才的なのはそこだ。機械を置くスペースを提供している店は、利益を得られる。機械を所有する会社も利益を得られる。タバコ会社も利益を得られる。すべては外まで買いに行くのが面倒だ、と客が考えるからだ。これは「ペイ・トゥ・プレイ」ではなく、「ペイ・トゥ・ステイ（pay to stay、とどまるための支払い）」のシステムだった。

弁護士はドライブチームの同僚たちを見回し、イアンを含め、このうちのひとりでも会社の総合的な販売戦略を学んだ者がいるだろうか、と思った。

ベンは自分が達成すべき毎日の仕事のルーティン、パズルのピースについてわかっている。しかし、彼は間違いなく北アイルランド工場を見学したことも、R＆Dから説明を受けたこともないはずだ。その代わりに、月曜から木曜まで、彼も他のメンバーも、ジムバッグに詰め込んだタバコを売り歩き、ポストハウスホテルに宿泊している。

一方、弁護士は上層部の管理職から指導を受けてきた。彼らは数十億ドル単位の売上について議論していた。そして今、弁護士はバーのテーブルで、六〇〇ポンドを上司に手渡している男を見守っている。弁護士の頭のなかの小さな計算機が数字をはじき出す。商品のコスト、時間、ガソリン、昼食、ホテル代、無料の夕食とビール、そのすべての管理。

このチームは、それほど多くのタバコを売っているわけではない。それでも、会社は彼らの夕食代やホテル代を支払っている。このシステムからどれだけのお金を稼げるのだろう？　なぜ、売れ筋ではない銘柄のタバコをロンドン中のコンビニ王国に売ることに、これほどの労力をかけるのだろう？

これはお金だけの問題ではないのだと、弁護士は結論した。影響力を競うためであり、まだ引き寄せられる顧客を獲得するうえで、最後の影響力を行使することが目的なのだ。

翌朝早く、ベンが弁護士の部屋のドアをノックした。

ふたりは午前六時に出発した。ホテルでは朝食を食べない。その代わりに、ガソリンスタンドに寄ってコーヒーを飲み、ランチタイムごろに、ベンが本社まで送ってくれた。

「これからどんな仕事をするのかは知らないが、とにかく幸運を！」ベンは言った。それから、「じゃあな、相棒」と、つけ加えた。

弁護士はベンに手を振った。その後、再び彼に会うことはなかった。

誓いを立てる

弁護士の婚約者について語ろう。

彼女は飛行機のなかで育ったと言ってもいい。客室乗務員からたくさんの笑顔と無料のビスケットをもらい、コックピットに入れてもらい、勇敢な若い乗客のための土産品として、翼にブランド名の入った小さな光輝く金属製の航空機の模型をプレゼントされた。

母親はロンドン生まれだが、ジャーナリストとしてアメリカ、ヨーロッパ、アジアをまたにかけて活動していた。父親は世界的な市場調査会社の重役で、ボルネオ、タイ、香港など遠方の地を拠点にしていた。両親は香港で結婚し、そこで彼女が生まれた。

彼女は弁護士に、幼いころの父親との思い出について語ったことがある。父親はキッチンで新聞を手に、コーヒーを飲みながらタバコを吸っていた。ヘビースモーカーで、一年を通して出張が多かった。家にいることはめったになく、それがおそらく、母親が仕事を辞めて、まだ幼い娘の子育てをすることにした理由だろう。

香港での生活は、彼女が早いうちから異なる文化、言語、風味に触れる機会を与えた。家族でロンドンに移り住んだとき、両親は彼女をフランスの学校に通わせようとした。両親とも複数の言語を流暢(りゅうちょう)に話した。もっとも、彼女には両親が同じ言語を話しているのかどうか、はっきりしないこともあった。口論が絶えず、黙っているときでさえ、ふたりの間に緊張が漂っているのが感じ取れた。

数年後、再び香港に戻った。そこでは学校には通わず、自宅で母親から勉強を教わった。仕事に出かける父親によく手を振ったものだ。

まもなく、家族はバンコクへ、さらにシンガポールに移り、その後、イギリスに舞い戻り、そこがティーンエイジャーの彼女にとっては、香港よりも故郷として感じられる場所になった。

しかし、母親はロンドンに戻ってからの生活が気に入らなかったようで、彼らは再び移動した。今度はローマへ。

彼女はインターナショナル・スクールに通い、イタリア語を学び、教会、美術館、広場に入り浸った。新しい友だちもできた。外交官や海外赴任の企業重役の息子や娘たちだ。みんなで古い通りをうろつき、小さな国際ギャング団を結成した。トレビの泉にコインを投げ入れたり、若いイタリア人の気を引いたり、観光客をからかったり、キリストの時代より古いアーチ道をぶらついたり、西洋文明の遺物の断片の上を歩いたりして過ごした——天候によって、デザイナーブランドの革靴かスペルガのランニングシューズを履いて。

彼女はこの地の深い文化に刺激され、ことあるごとに身をまかせ、それが予期しない形で彼女の魂にしみ込んだ。おそらく、パリ・アメリカ大学とソルボンヌ大学で美術史を専攻したのは、そのためだろう。ルーヴル美術館でのインターンシップまで勝ち取り、古い時代の壁紙の世界的専門家の研究を手伝った。古い壁紙は別として、時には夕暮れにセーヌ川の土手を歩くのも、石畳の中庭に友人たちが集まり、油性ランプの明かりに照らされたパーティーで盛り上がるのも、一級の芸術作品のなかで暮らしているように感じられた。

彼女の父親は半分カナダ人で、それは弁護士にはうれしい驚きだったのだが、ある夏、彼女は自分の生活環境をがらりと変えることに決め、大西洋を渡ってトロントへ向かった。そこには、いとこが住んでいた。しばらくの間、彼女はコールセンターで働き、さまざまな奇妙なテーマについて電話でカナダ人の調査をして日々を過ごした。彼女はトロント大学のマッシー・カレッジに部屋を借りた。見知らぬカナダ人と電話で話し、レストランのテラスでひとり食事をする生活は、穏やかではあるがさみしかった。

その後、彼女は南のニューヨークに移った。この大都市の熱気を愛したが、結局は引き寄せられるようにロンドンに戻り、『メタル・ビュレトン』という雑誌の仕事を始めた。金属製造の業界誌だ。ついでながら、この雑誌の仕事で、遠く離れたイタリアの町や村へ行き、ヨーロッパの金属業界の大物実業家たちに広告スペースを売ることもあった。

彼女は両親とよく似た娘に育った。世界を放浪し、どこにでもなじむことはできるが、本当の意味ではくつろげない。移動の多い冒険はいつも面白かったが、必ずしも簡単ではなかった。一度も持ったことのない故郷に憧れた。そして、自分の家と呼べるものを持たなければならないと思うようになった。でも、ひとりで？

彼女が弁護士と出会ったのは、ロンドンで働いていたちょうどそのころだ。それまでにはNBCヨーロッパで働く女性と親しくなり、よく一緒に出歩くようになっていた。ある晩、気がつくとNBCのクルーとパブで飲んでいた。そのなかに、以前はテレビ局で働き、今はロースクールをもうすぐ終えようとしている若い男がいた。

彼はタバコを吸うときに優しい目をした。そのグループに最後に加わった彼女は、誰かお酒が欲しい人はいないか、とたずねた。彼はためらうことなく応じた。「ウイスキーのダブルをもらうよ」。最初はとりたてて興味を持つ相手ではなかったが、彼女は男にウイスキーを持っていった。

不思議なことに、ふたりは意気投合し、その晩のうちにあれこれ質問し合った。わあ、彼って頭がいい。わあ、彼ってチャーミングだわ。彼女は彼に、あなたってあどけないベビーフェイスをしている、と指摘した。おそらく、何をしても許されるという意味だろう。ふたりは笑い合った。そして、すぐに一緒に暮らすようになった。

のちに弁護士が大手タバコ会社から誘いを受けたとき、彼女は彼がそこで働くことに、本人と同じくらい魅力を感じた。

彼女はタバコを吸わないが、彼は吸う。それはまったく気にならないようだった。

友人のほとんどは喫煙者で、煙突のように煙を吐き出す父親がいる家で育った。だから、彼にはその会社について詳しく調べてみるように促し、この話を受けるように背中を押した。それが彼にとってのキャリアアップになるとともに、ふたりにとってもステップアップになる。ふたりはディナーパーティーの席では人気者だった。誰もがタバコをスパスパ吸いながら、そのタバコ会社についてもっと知りたがった。

新しい生活の課題は？　彼は出張が多くなった。おそらく、彼女は父親がつねに飛行機で移動していることを母親が毛嫌いしている家庭で育ったので、自分はそのパターンを繰り返さないことを誓った。

弁護士は自分が頻繁に飛行機で出張することへの彼女の寛容な態度に心底驚いた。ドアが開いたのなら、そこを通るべきだ、と彼女は言った。目の前に現れた機会を逃してはいけない。新しい国を探検し、他の文化を経験することは、なかなか得られない特権だ。彼女はまだ少女のころにそのクラブに参加し、彼もその一員になることを喜んだ。クラブ・ワールドだ。

彼女は弁護士の助けになりたかった。家族が発展し成長していくためのチャンスを逃さないように励ましたかった。北アイルランド、スペイン、フランス、スイス、その他どこでも、彼が出張に行くことになったと言えば、荷造りを手伝い、準備万端で出かけられるようにした。

ただ、彼がもう少しタバコの本数を減らしてくれたらいいのに、と願ってはいた。タバコ会社で働くようになった今は、それを頼むのは簡単ではなくなってしまった。

彼女の独身お別れパーティーの夜、彼はドアのところで手を振って見送った。彼女は夜明けまで友人たちと過ごした。ロンドンの安っぽいナイトクラブで起こることは、その場限りのこととして忘れてしまうものだ。それは愉快な夜で、はめを外しすぎ、自分がいつどのように家に帰ったかをはっきり思い出せなかった。でも、こうしてここで彼と一緒にいると、本当にくつろいだ気持ちになれる。おそらくそれは、彼女の人生ではじめてのことだった。

愉快な気分でいられなくなったのは、翌朝、彼に起こされて、二時間後には彼の会社のガーデンパーティーが始まると告げられたときだ。「大丈夫よ、ハニー、少しだけ時間をちょうだい。いいでしょう?」

彼女は婚約者にも自分自身にも、新しい会社で新しい役割に就く彼を支えると誓いを立てていた。だから、まだ泥酔状態に近く、頭痛もひどかったが、その約束をしっかり守った。

法務部のサマーパーティーは、刈り込まれた芝生、果樹園、スイミングプールがある、広々としたイギリス式の庭で開かれた。この特権的な世界があるのは、最高法務責任者（ゼネラル・カウンセル）の家だった。

弁護士は上司のメアリーに報告する。メアリーはゼネラル・カウンセルに報告し、法務部の責任者であるカウンセルは、会社のＣＥＯに直接報告する。

会社からは、パーティーに必ず出席するようには言われなかったが、それでも出席しないわけにはいかない。

いかにもイギリス的な、アッパーミドル階級流のパーティーは、弁護士と将来の妻にとっては、よりくだけた、オフィスの外での非公式の集まりで、新しい同僚たちと顔を合わせるよい機会だった。

その午後のわりと早い段階で、彼の婚約者は独身お別れパーティー、いわゆる「ヘン・ナイト」を終えたばかりだと口を滑らせ、誰もがそれに興味を持ったようだった。彼らは特別なカップルで、ふたりでの生活を始めようとしている。今、会社はその旅の一部になった。彼は婚約者が数人の妻たちを相手に、前の晩に何が起こったかをひそひそ声で話し、芝生の向こうから興奮した笑い声が上がるのを見守った。

法務チームは家族持ちが多い部署だった。誰もがパートナー、妻、夫を持っている。大部分は子どももいる。子どもたちが日の当たる広い芝生の上を走り回り、その日のために雇われたピエロもやってきた。彼はそのピエロがタバコを吸ったかどうかは覚えていないが、個人秘書のひとりがわざわざ会社からタバコを持ってきて、みんながたっぷり吸えるようにした。バーも設置され、高級な酒を揃えるとともに、もちろん、おいしい食事も屋外で振る舞われた。五〇人ほどが参加していた。法務部は社内で親密な会員制クラブを形成している。

ゼネラル・カウンセルは妻と一緒にテーブルに着き、ふたりともタバコを吸っていた。カウンセルのテーブルへ行き――敬意を表し感謝を伝えるために――話しかけるかどうかは、それぞれのカップルに任された。これにはもっともな理由がある。カウンセルは他のほとんどの社員が知らないような会社の事情に精通している。もう三〇年もここで弁護士をしてきた。身長は二メートル一〇センチを超える。これは冗談ではない。妻は優雅に客をもてなし、明るい笑顔を見せ、午後のガーデンパーティーだというのに、こぼれ落ちるほどの宝石を身に着けていた。

カウンセルはいつもパイプを吸っている。吸っていないときにも必ずポケットに入れている。背の高い彼が本社のホールを歩いているときに、ズボンのポケットから煙が立ち上るのを見かけるのもめずらしいことではない。彼と一緒にレストランで食事をするときには、あなたがワインを注文することはなく、食事代も支払わない。カウンセルがワインを注文するのを待ち、カウンセルが届けられた伝票を手に取るのを待てばいい。

カウンセルのテーブルに挨拶に行く人たちが途切れたところで、弁護士と婚約者もそのテーブルへ行って座った。そこにいた全員に紹介され、すべてがうまく進んでいたが、そこで弁護士がしくじった。

彼は自分のピーター・ストイフェサントのタバコの箱から一本取り出し、火をつけた。家の近くのコンビニで買ったものだ。これを会社に持っていくべきではないことくらいは十分にわかっていたが、ここではついうっかりしてしまった。何も考えていなかった。

彼がそのタバコの箱をテーブルの上に置くと、カウンセルがすぐに気づいた。

「それをテーブルからどけてくれ」。彼は静かな声で言った。

「なぜです？」弁護士は笑って、タバコに火をつけた。

一瞬の沈黙。

「もう一度だけ言う。それをテーブルからどけてくれ！」カウンセルは声を荒らげた。

弁護士はテーブルの上の箱をつかんだ。突然、まだゲームのルールがわかっていない経験不足の若造になった気分だった。

この話題が繰り返されることはなく、弁護士ももう二度とこんなことをしてはならないと身に染みてわかった。彼が次にライバル会社のタバコを買うのはずっと先のことになる。

重要なポイントは、ここでは誰もおふざけはしない、ということだ。この会社はタバコだけを製造している、イギリスで最大手のタバコ会社だ。この会社のブランドは、イギリスではハインツやコカ・コーラと同じくらいよく知られている。目標はひとつ――可能なかぎり多くのタバコを製造し、可能なかぎり多く売ることだ。

彼がその午後、会話を交わした相手のひとりが、上級弁護士の〝シリアス〟・ボブだった。シリアス・ボブは誰にも負けないほどの正直者で、オフィスでのニックネームがそれを暗に示していた。

弁護士とボブが芝生の端にある木立の陰で、タバコを吸いながらおしゃべりをしていると、突然、ボブの妻が姿を現し、輝くような日差しを浴びながら彼らのほうに向かってきた。何の前触れもなく、ボブは弁護士に自分のタバコを手渡した。弁護士の手にはタバコが二本。それで、彼はボブのタバコも吸った。

ボブの妻が別のグループのほうに離れていくと、弁護士は隣にいる同僚にからかいの笑顔を向けた。

「おいおい、奥さんは君がタバコを吸うことを知らないのかい？」

「そうだよ」

弁護士は笑った。「どうしたらバレずにいられるのかな？」

「簡単さ。君と一日中、会議で一緒だったと言えばいい」

ボブはおそらく、これまで一度も浮気をしたことがない男だ。優秀な弁護士で、家族思い。だが、妻は夫がタバコを吸うことを知らない。ボブはまるでタバコと浮気をしているみたいだ。

シリアス・ボブはどんどん増えている「隠れ喫煙者」の部類に入る。こうした幽霊スモーカーはたくさんいる。彼らはパーティーでは隠していた姿を見せ、バーの前の通りの角をうろつき、自分も属する社交的な集まりのすぐ外で居場所を探している。彼らは喫煙者のサブカテゴリーで、友人や家族の前でタバコに火をつけるのを恥と思い、その勇気が持てない。

ゼネラル・カウンセルは引退間際で、その後釜をふたりが競い合っていた。弁護士の上司であるメアリー、そしてサイモン。どちらも法務部の社内弁護士だ。ふたりのどちらかが法務部の新しい責任者に任命される予定だった。それはグループの役員の地位で、宇宙の支配者たる種類の仕事だった。

メアリーは仕事熱心なA型人間で、家族の世話をしながら、業界の性差別や男性優越主義と闘っていた。彼女はそのポジションをねらっていた。残念ながら、この会社には男性優位の文化が深く根づいており、まだ男性が支配するビジネスだった。マーケティングとHRを除けば、女性は通常、秘書とアシスタントしかいない。

この状況は弁護士にとっては有利だった。

彼はすぐに、たくさんの古株たちに気に入られた。単純に彼が若くて男だったからだ。最も年長の男性たちは、彼にゲームのルールを教えたがり、彼に昇進のはしごを登らせようとした。まだ研修の初期の段階で、彼はある国際会議に出席するように命じられた。業界内では、複数のタバコ会社から上級弁護士が集まるこの会議は、「死の商人たち」の会議として知られていた。しかし、彼は筆頭弁護士として参加したのではなく、なぜ自分が参加するように言われたのかもまったくわかっていなかった。これもまた、「座ってよく聞きなさい」の経験だった。

会議は毎年開かれるが、年によって開催場所は変わり、ローマ、ニューヨーク、ロンドン、マドリードで順番に開かれていた。その年は、石畳と運河のあるアムステルダムでの開催で、公式の会議のあとには、タバコ弁護士たちがもう少し小さいグループになって、夜遅くまで、高価なスコッチを飲み、キューバ産の葉巻を吸って過ごした。彼もそのグループに加わるように誘われ、そこにいるのは強い肝臓を持った一団だとわかった。彼は世界がぐるぐる回り、かすんで見えるまで飲み続けた。

翌朝は、頭のなかに霞（かすみ）がかかったような状態で目を覚ました。よろめきながらチェックアウトしようとロビーまで下りていくと、コンシェルジュから部屋の請求書を渡された。まだスコッチのせいで頭ががんがんしていた。請求書の一番下のぼやけた数字を見つめた。だんだんピントが合ってくる。突然、彼は恐怖にかられた。

支払い額は、数千ユーロもした。

弁護士は各項目にざっと目を通し、何にそんなにお金がかかったのかを理解しようとした。ようやくピンときた。「死の商人たち」の全員が、葉巻とあのすばらしいスコッチの代金すべてを彼の部屋につけていたのだ。

彼はどうしたらよいのかわからなかった。そこで、ゼネラル・カウンセルに電話をかけた。カウンセルは電話に出てくれた。

「タバコ業界へようこそ」と、カウンセルは楽しそうに言った。「最初に酔いつぶれた者の負けなんだよ」

あのガーデンパーティー以来、弁護士は自分と婚約者が会社の家族として本当に受け入れられたように感じていた。「おまえは俺たちの仲間だ」と認めてもらえたみたいで、何となく『ゴッドファーザー』に似たところがある。

次の週のランチの間に、同僚たちが彼に間近に迫った結婚式についてたずねてきた。披露宴はロンドンで行ない、それから新婚旅行でセーシェル諸島へ行く。結婚のタイミングは少し問題があった。ほんの数週間前に新しい会社に移ったばかりで、新しい同僚たちを招こうと思うほどにはまだ誰とも親しくなっていなかった。

ところで、新会社に移って間もないころには、ランチタイムは勤務日の最も重要な時間だったかもしれない。チームの同僚たちとおしゃべりをする時間を得られたからだ。

ダイニングルームでは三品のコース料理が提供される。その雰囲気は、郊外にある会社のさえない社員食堂というより、ゴルフクラブのようだった。もちろん、そこでは座席のヒエラルキーがあった。管理職は管理職とともに座る。個人秘書は個人秘書と座る。弁護士は弁護士と座る。誰もが締めのコーヒーとタバコまで、昼食にたっぷり一時間をかける。

同僚の誰も結婚式には招待していないが、チームは新しい弁護士とその婚約者のために心遣いを示そうとしているように見えた。カウンセルは結婚式の一週間前に、ふたりのために盛大な夕食会を開いてくれさえして、チームの弁護士全員が参加した。費用には糸目をつけず、カウンセルがパイプを手にスピーチをした。

「法務部では、毎日結婚式があるわけではない……」。顧問は場を盛り上げた。

そんな調子で、弁護士と花嫁は温かく見守られていた。ふたりは会社のフレンドリーで誠実なもてなしに圧倒された。まだ入社して二か月も経っていないというのに。

夕食会の終わりに、カウンセルはカップルに贈り物のかごと、高級デパートのかなり高額な買い物券をプレゼントした。結婚式と新婚旅行のために三週間の有給休暇ももらえた。


結婚式は九月上旬のきらめくような午後に執り行なわれた。

ふたりは誓いを交わし、正式な夫婦となり、キスをして、友人や家族とのパーティーに臨んだ。花婿介添人のひとりがスピーチで、弁護士を「タバコ男爵」と紹介した。参列者はみな笑った。

その介添人はイートン校の出身だった。ウィリアム王子やヘンリー王子も通っていた名門パブリックスクールだ。当時はイギリス政府のかなり上の地位の個人秘書として働いていたこの介添人は、それから何年も、弁護士がタバコ業界に雇われていることを責め続けた。一緒にレストランで食事をするときには、絶対に弁護士に支払いをさせなかった。大手タバコ会社からのお金を受け入れることを恐れたのだ。

結婚式の翌日、弁護士と新妻は飛行機のエコノミークラスで、マヘ島に向かった。アフリカの東、インド洋に浮かぶセーシェル諸島の静かな島のひとつだ。

セーシェル諸島ははるか彼方の洋上に浮かぶ、贅沢なリゾートと美しいビーチがある夢のような場所で、とくにイギリスのアッパーミドル階級の新婚旅行客の間で大人気だった。人生の節目のイベントにふさわしい旅の目的地と言える。飛行機のなかのほぼ全員が、可能性にきらめく新婚カップルのようだった。

念のために言っておくと、この新婚旅行の費用は安くはなく、ふたりはこの旅のために二年間貯金をしてきた。

彼らは「夫と妻」として楽園のホテルにチェックインし、ハネムーン・スイートに案内された。二階建てのプライベート・ヴィラで、複雑な構造の萱葺（かやぶ）き屋根で覆われている。彼らは広々とした中二階とリビングを探検し、階段を上って寝室をのぞいてみた。圧倒されたのは、リビングにある両開きの扉で、そこから外に出た石造りのテラスからは、インド洋の海辺の景色が見渡せた。北西に数百キロ行けば、ソマリアがある。本物の国際的海賊の本拠地だ。

その晩、ふたりは夕食を食べ、ともに生きていく将来に乾杯し、波の音を聞き、心地よいそよ風に吹かれた。翌朝、ビーチまで散歩し、ビタミンD不足のイギリスの肌に日の光を吸収させていると、泡立つ波のなかで遊ぶイルカになったような気がした。

数時間後、ヴィラに戻ると、砂だらけの水着を床に脱ぎ捨てた。妻はシャワーを浴びに行き、夫はリラックスして、ニュースでも見ようと、テレビをつけた。

ＣＮＮでは、レポーターがニューヨークの建物の屋上に立っていた。その後方、かなり遠くにあるワールド・トレード・センターから巨大な黒い煙が上がっていた。弁護士にはふたつある棟のひとつしか見えなかった。最初のうちは、煙でもうひとつの棟が隠され、カメラに映っていないのだろうと思った。

花嫁が蒸気の上がるバスルームから出てくると、彼はアメリカでひどいことが起こっていると説明し、どうやら攻撃を受けているらしいと告げた。

ふたりは一緒に座り、テレビのショッキングな映像に釘づけになった。屋上で最新情報を伝え続けていたレポーターの男性が突然、誰かに名前を呼ばれて手招きされたかのようにカメラに背を向けて振り返った。彼の後ろで、テレビを見つめるふたりの目の前で、煙がくすぶる巨大なタワーが崩壊して、真っ黒な煙に包まれ、それまでタワーが立っていたところは、霞がかかったような雲のない青空に変わった。第二の棟が消え去った。

ＣＮＮのレポーターは再びカメラのほうを向き、世界を変えた瞬間の記憶として多くの人が覚えているフレーズを口にした。「なんてことだ……言葉が出ません……」

テラスの扉の外で、彼ら自身の現実が、突然、不快なものに変わった。そこには、たった今、テレビ画面で見たものとは正反対の世界があった。海が陽光にきらめき、彼らにウインクしている。テレビカメラのアングルが下の通りに向けられると、まるでニューヨークの町全体が、煙に飲み込まれたかのようだった。弁護士は結婚したばかりの妻と楽園に座り、立て続けにタバコを吸い、テレビのなかの世界が灰に変わっていくのを見つめた。

それからの数日、弁護士と妻は家族や友人のできるだけ多くと連絡をとった。彼らにはツインタワーの近くで働く同僚がいた。ボイスメールにメッセージを残した。「無事かどうか確かめたくて電話したんだ。滞在しているホテルのファックス番号を教えておくよ」

毎日午後、イルカのスイミングから戻ると、ファックスがドアの下から滑り込ませてあった。世界中の友人たちからの返信だ。「こちらは無事だ。愛しているよ」といったメッセージが書いてある。会社からも彼に、ふたりが無事であることを願うというファックスが送られてきた。

起こったことの重大さを実感したのは、ふたりが新婚旅行を終えて、帰路についてからだ。

ふたりはドバイ経由の便のエコノミークラスに乗った。ドバイの空港ではセキュリティが強化されていた。国境を守っている無表情な歩哨の腕にはマシンガンが抱かれていた。弁護士は繰り返し止められ、脇に連れていかれて別々の警備員から何度も質問され、妻がそれを心配そうに見ていた。「どこに行くのですか？　なぜここにいるのですか？　旅の目的は？　生まれはどこですか？　どこに住んでいますか？　仕事は何をしていますか？」

弁護士はこれらの質問にできるかぎり答えた。ふたりはようやく家に帰ることを許され、新しい生活を始めた。


ロンドンに戻ってまもなく、弁護士は社内の消費者サービス部と法務部との連絡係としての仕事を任された。

消費者サービスは消費者からの問い合わせを受ける部署で、彼は法的助言をしてそれらの問い合わせへの対応を助けた。多くは手紙だったが、問い合わせ専用の電話番号にかかってくることもあった。これは二〇〇一年のことで、電子メールはまだあまり普及していない。消費者サービス部が扱う法的問題は、たいていはばかげた内容だった。タバコが原因の病気になったので、もし会社が一〇〇万ポンド支払い、フェラーリを買い与えなければ、新聞に暴露すると書いてくる人もいた。

少数ながら、タバコのなかに異物が紛れていたという苦情もあった。プラスチックや金属のかけら、人間の髪の毛などだ。機械化された組み立てラインは完璧ではなく、間違いは実際に起こる。時にはひと箱のなかに、タバコが二〇本ではなく一九本しか入っていないこともある。それは起こりうることだが、もしあなたも喫煙者なら、めったに起こることではないと知っているだろう。

会社は消費者とのコミュニケーションを通して、満足してもらおうと考えている。そのため、すべての苦情や質問を真剣に聞く。

反タバコ運動が勢いを増していた時期であったことを考えれば、会社への苦情の手紙はあなたが思うほど多かったわけではない。それでも、訴訟につながりかねないと判断された手紙は弁護士に回された。たとえば、タバコに火をつけたら爆発したという苦情があった。弁護士は、これは大げさに言っているのだろうと思ったが、R&Dに聞いてみると、実際に起こりうることだとわかった。

広告についての苦情や、驚いたことに、健康被害の警告についての苦情もあった。弁護士は八か月間、タバコのどの箱にも印刷されている健康被害の警告に毎日文句をつけずにはいられないらしい顧客とのやりとりを続けた。これは顧客ロイヤルティについての話だ。

大勢の人がちょっとしたエピソードを書いてきたり、タバコ関連の記念グッズ——古いポスターや帽子など——を探していると言ってきたりする。

もちろん、消費者サービス部は会社のスポークスマンなので、法的な理由から、この部署はすべての返答において注意を怠らずにいる必要がある。弁護士はいつも、わざわざ時間をかけて連絡してくる顧客には敬意を表して対応した。日ごとに顧客を失いつつある産業で、この会社は消費者を大事にしていると思ってもらえるように努力を惜しまなかった。

たまには不快な思いをすることもある。殺害の脅しを受けることもある。めったにないことだが、実際にあれば、他のどの企業でもそうするように警察に通報する。

タバコの味が変わったと言って、その理由を聞いてくる人たちもいた。そのことは弁護士に、R&Dチームがフレーバーを変えずにレシピを変更するという不可能な課題に取り組んでいることを思い出させた。しかし、最も多い答えは、顧客が古い商品を買ったということだ。タバコの箱には賞味期限が入っていないが、六か月から一八か月くらいが保存可能期間とされる。

おそらく最も驚かされたのは、製品の味と質が落ちたと苦情を言ってくる顧客の数が急増していたことだ。チームは返品された箱をR&Dに送ってテストしてもらう。これがきっかけとなって、弁護士は偽造市場の成長について知った。タバコ製品の値段が上がるにつれ、外国、たとえば中国などからの偽造品の流入が増えた。偽物のタバコは質が悪く、タールやニコチンの含有量が基準から外れている。喫煙者はこれらの品を値段がかなり割安だからという理由で買う。七五パーセントも安いこともある。弁護士の考えでは、客のほうがもっと賢くあるべきだった。ただより高いものはない、と言うではないか。

彼はR&Dがこうした偽物商品のテストをするのを何度か見学した。驚いたのは、ひどいにおいがすることで、それでもまだタバコではあった。悪夢のシナリオは、有毒な偽物商品のせいで顧客が死亡することだろう。しかし、弁護士がこの会社にいる間には、実際にそうしたケースに遭遇することはなかった。

ある午後、消費者サービス担当重役がひどく興奮して電話をかけてきた。顧客からの電話に対応している重役だ。彼女の声は動揺していた。

通常なら、消費者サービスチームの誰かが法的助言を必要とするときには、書類に記入して弁護士のところに送ってくる。このときの状況は明らかに違った。その重役は彼に、たった今電話をかけてきた客に、チームのひとりがうっかり弁護士のフルネームを教えてしまった、と告げた。

電話してきたのは年配の女性で、会社の弁護士とどうしても話したいといって譲らなかった。担当者は間違いなく法務部につなぐと約束し、弁護士の電話番号を教えた。しかし、彼の名を告げるのは所定の手続きに反している。たとえば、彼が顧客に手紙を送るときには、自分の名前を記さない。つねに「法務部」とだけ記入する。

電話の女性はブラウン夫人といった。そして、実際に彼女は弁護士に電話をかけてきた。その日しばらくして、彼が自分のオフィスのなかで座ってタバコを吸い、美しい谷の景色を眺めているときに、電話が鳴った。

「――さんでしょうか？」女性は言った。

「そうです」

「会社の弁護士さんですか？」

彼はこの会社の弁護士だと答えた。

すると、女性はこう言った。「私の最愛の夫について、どうしてもあなたに知ってもらいたいと思って。五〇年以上連れ添った夫が、きのう肺がんで死にました」

彼は何と言っていいかわからなかった。

女性は続けた。「夫は一生タバコを吸い続けました。あなたの会社のタバコが好きでした。死んだ当日まで吸い続けていました。病気になっても、やめることができなかったんです」

彼はまだ何と言っていいかわからなかった。

「私は最愛の人を失いました。お金はいりませんし、同情もいりません。あなたたちを訴えもしません。ただ、あなたたちが私の人生を台無しにしたと知ってもらいたいだけです」

そう言って、女性は電話を切った。

彼はそこに座ったまま動けなくなり、何時間も経ったように感じた。この会社に入ってからはじめて、疑惑に圧倒された。自分自身に対しても、自分がしている仕事に対しても。会社を辞めることも考えた。その考えが、広々とした新しいオフィスの静けさのなかに、ぎこちなく漂っていた。

それは選択の時だった。そして、考え抜いた末、彼は決断した。

彼は一〇〇パーセント合法な産業で働く弁護士だ。妻を養い、家族と将来の基礎を築いている。

彼は妻に誓いを立てた。そして今、自分自身にも誓いを立てた。もう後ろを振り返らない。この新しい役割で成功するために、自分の力でできることは何でもする。夫を亡くした女性にも、他の誰にも邪魔をさせない。

それから一〇年の間に、弁護士は多くの国を訪れた。ヨーロッパの国はすべて行った。北米の人たちなら名前を聞いたことすらないかもしれない国もあった。サンマリノ、アンドラ、リヒテンシュタイン。多くの観光客はバチカンへ行って、教皇の祝福を受ける。しかし、彼らはそこを出国する前に免税のマールボロのカートンを買えることも知っているだろうか？　マールボロにはバチカン市国限定で販売されている特別なパッケージがあるのだ。

彼はロシア、クルディスタン〔訳註／トルコ、シリア、イラク、イランの国境にまたがる山岳地帯〕、モンゴル、アゼルバイジャン、ウズベキスタン、カザフスタンへも行った。成長著しいタバコ市場だ。ちなみに、当時のモンゴルは世界でもとくに高い四七パーセントの喫煙率だった。彼はまた、日本、マレーシア、シンガポール、プエルトリコ、ドミニカ共和国、メキシコ、ブラジル、モロッコ、エジプト、アルジェリア、南アフリカ、ナイジェリア、そして、世界の一〇億人の喫煙者のうち三億人が暮らす中国へも行った。インドにも九四〇〇万人の喫煙者がいるが、インドには出張で行く機会がなかった。

彼が訪ねたすべての国のなかで、タバコの販売に関して同じ規制を持つ国はひとつとしてなかった。彼がこれほど忙しかったのは、そのためだ。

彼のお気に入りの国はスペインだった。

偽のスペイン

彼が次に生まれ変わるときには、スペイン人になっているだろう。一年中暖かい日差しが降り注ぐなかでタバコを吸い、毎晩九時を過ぎてから夕食を食べる。

スペインは、弁護士が会社から最初に法務担当を任せられた国際市場だった。彼の専門教育の次のステップだ。

入門コースは終了し、テストに合格した。タバコの製造、販売、マーケティング、消費者サービスについての基礎を学び、タバコ広告の制限など、新しいEU指令への適応においては中心的役割を果たした。この会社に移ってまだ一年も経っていないが、メアリーは彼に、監督すべき地理的範囲と、管理すべき市場のファイルを与えた。イベリア・ファイルだ。

そのファイルはイベリア半島全域――スペイン、ポルトガル、アンドラ、ジブラルタル――と、カナリア諸島をカバーしていた。弁護士の仕事は、会社のマーケティングと広告キャンペーンを確実にそれぞれの国の法律に従ったものにすることだ。イベリア・ファイルの中心はマドリードだった。

最初のマドリード出張のときに、大勢の人から何度も次のような話を聞かされた。短くまとめると、こんな話だ。クリストファー・コロンブスが最初に大西洋を渡った一四九二年の航海に参加したスペイン人の乗組員のひとりに、ロドリゴ・デ・ヘレスがいた。彼は現在のバハマの原住民に教えられた気晴らしの習慣を持ち帰った。タバコを吸うことだ。ヘレスはヨーロッパ最初の喫煙者とされることが多い。船員として海を渡り、黄金の悪徳を持ち帰った。その悪徳がヨーロッパ全体に広がった。

なぜこれほど多くのマドリードの人たちが、彼にこの話をしたのだろう？　彼らはそれを誇りに思っていたのだろうか？

弁護士にはわからなかった。確かにスペインはヨーロッパの喫煙者のグラウンド・ゼロだったように思える。そして、それから五〇〇年以上経った今、ヨーロッパのほとんどの国がこの悪徳を根絶するために最善を尽くしていたが、スペインは西ヨーロッパの喫煙者にとっての最後の砦のように見える。そこはまだ喫煙者のパラダイスで、ヘレスの同国人のおよそ四〇パーセントがまだタバコを吸っていた。

弁護士は仕事でマドリードへ行くのが何より楽しみになった。これ以上に楽しいことはなかなか思いつけない。幸いにも、それからの一〇年間に少なくとも一五〇回はこの町へ飛行機で向かった。多くの面で、マドリードはロンドンの対極にあった。ロンドンが灰色で、よそよそしく、寒々としているとしたら、マドリードはフルカラーで、陽気で、暑い。ここの人たちの顔は日焼けしてリラックスし、食べ物はとびきりおいしい。ソーセージとポテトではなく、レアの牛肉とパエリアがある。スペインにはワインのボトルを一本開けたあとの誘惑するような笑顔があり、人々の態度は詩的な一語、「マニャーナ（明日）」にまとめられる。すべてを今日のうちに終わらせる必要はない。

ロンドンでは、彼は黒っぽいパンツとブレザーという服装が多かったが、新しいファイルを渡されたお祝いに、マドリード出張のためのスーツを二着ほど買った。妻は親しみを込めて、それを「デルモンテから来た男のスーツ」〔訳注／「デルモンテから来た男」は一九八〇年代の米デルモンテ社のCMシリーズに登場したスーツ姿の男性〕と呼んだ。そのスーツは今でもクローゼットにかかっているが、もう体型に合わなくなってしまった。ライトベージュの、「外国にいる、もしかしたらスパイかもしれないアメリカ人」といった感じのスーツだ。目立たない色だが、どこか謎めいて見える。

スケジュールが組まれ、彼は南に送られた。

ロンドンからマドリードへの早朝のフライトでは、機長と副操縦士がコックピットでタバコを吸っていた。ビジネスクラスの座席から、タバコの煙のにおいがはっきりわかった。

弁護士は女性客室乗務員に機内でタバコを吸ってもよいのかたずねた。彼女は、機内は禁煙だと言った。タバコの煙のにおいがすると指摘したが、客室乗務員は彼の言うことを理解できないふりをした。九・一一同時多発テロのあと、旅のエチケットは変化したが、パイロットたちは鍵のかかるコックピットのなかで、まだタバコを吸うことができたのだろう。

マドリードの空港のターミナルも煙が立ち込めていた。ダウンタウンにある会社のオフィスに入ると、さらに煙が充満していた。誰もがタバコをスパスパ吸っている。どこか別の時代に送り込まれたかのようだ。タイプライターとテキーラのボトルもデスクの上にあったかもしれない。

会社は彼のはじめての出張に、管理が最も楽な市場のひとつを選んでくれていた。二〇〇一年後半のスペインは、タバコの広告とプロモーションに関しては、ヨーロッパでもとくに好意的な環境で、マドリードの同僚たちは彼が一緒に働いたなかでは、おそらく最も陽気で、最もスタイリッシュな人たちだった。彼らは前の法律事務所で同室だったレアと同じくらい、あるいはレア以上に颯爽としておしゃれだった。

彼らが陽気なのも、もっともだ。スペインのタバコ産業は西洋の他のどこにも存在しない自由を享受していた。テレビ広告は例外だが、他のほぼすべてのマーケティング、あらゆる種類の印刷広告や屋外看板、無料サンプル、プロモーションは合法だった。これはヨーロッパの縮小著しい他の市場とは大違いだ。他の市場では、これらの自由の多くが何年も前に消え去り、残った自由も消え続けていた。

マーケティングの自由とはつまり、弁護士が革新的でクリエイティブな広告キャンペーンを承認できるということだ。彼は実際に、ここでは「イエス」と言えた。もちろん、それが新しい同僚たちと良好な関係を築く助けになった。

マドリードでの初日は、こんなふうに終わった。彼は幹部チームに加わって仕事をしていたが、午後九時半になると、そのなかのひとりのフェルナンドが、たずねてきた。「君は酒を飲むかい?」

「ええ、飲みますよ」と、彼は答えた。

フェルナンドはオフィスの冷蔵庫へ行って、彼にビールを手渡した。他の同僚たちもそれに続いた。

ビールを何本か飲んだあと、みんなで夕食に行くことにした。「カサ・マティアス」というバスク料理のレストランだ。そこで、今まで食べたことのない、信じられないほどおいしい牛肉を食べた。

夕食を終えたのは午前〇時三〇分だった。弁護士はグデングデンに酔っぱらっていた。実際に、物がかすんで見えた。わかっているのは、翌日の会議に備えて少し眠っておかなければならないということだけだ。新しい同僚の何人かがホテルまで連れ帰ってくれて、デルモンテ・スーツを着たまま意識を失った。

翌朝は、頭に霧がかかったみたいだった。ホテルで朝食を食べたが、大勢の人が朝食でタバコを吸い、酒を飲んでいるのを見て、恐怖に襲われた。彼は数本のタバコとコーヒー一杯だけで済ませた。食べ物はのどを通らなかった。

オフィスに入ると、周囲の反応が違っていた。

フェルナンドは彼の手を握り、女性たちは彼の頬におはようのキスをした。これこそ人生だ。彼は会議室で一時間を過ごし、それからタクシーで社外の法律事務所へ向かった。この地域で法的な助言をしている事務所だ。

そこの弁護士たちは彼をパートナー弁護士たちが利用するダイニングルームでの昼食に招いた。窓からマドリードのすばらしい景色を眺められる。ここでもやはり、食事の時間は違っていた。午後二時より早く昼食をとる者はほとんどいない。大量のアルコールが消費され、昼食を終えたのは午後四時だった。昼食後、彼はロンドンへ戻る夕方の便に乗るため、猛ダッシュで空港へ向かった。よろめきながら飛行機に乗り、座席にドサッと座り込むと、『ヘラルド・トリビューン』紙の国際面の見出しを眺めているふりをした。

彼は酔いが回っていたために、機内で仕事ができなかったことに罪悪感を覚えた。ありがたいことに、彼はイギリスの会社で働いていたので、これまで誰も飲酒の出費について問題にすることはなかった。だから座席を後ろに倒し、ジントニックを一杯——か二杯——楽しみ、酔っぱらって、浮かれた状態で家に向かった。妻からとがめるような、もしかしたら少し嫉妬も含んでいるような目で見られることを覚悟しながら。

スペインは彼の会社にとって戦略的に重要な市場だった。それは、あなたが思ってもいない理由からだ。

弁護士が経験した場面――オフィス、会議、長い昼食、遅い夕食、仕事終わりの酒――すべてにおいて、つねに誰もがタバコを吸った。ほとんどの場合、彼らが吸うのは「フォルトゥナ」というスペインの国産ブランドだった。それはまったく問題ない。

会社がスペインを重視するのは、スペインの喫煙文化とは実質的に何の関係もない。弁護士がそこで任された仕事のひとつは、北ヨーロッパの人たち――とくにイギリス人とアイルランド人――が、スペインで休暇を過ごすときにどう振る舞うかを知ることだった。

彼は本当のスペインについて知ることを大いに楽しんだが、イギリスからやってくる大勢の人は、この国の偽物バージョンを見るためにここへやってくる。びっくりハウスの歪んだ鏡に映る休暇体験だ。その体験は、旅行会社、サービス業種の会社、アルコール飲料会社、そしてタバコ会社によってつくり上げられる。こうした会社の製品の市場は、イギリスとアイルランドからの観光客のおかげで潤っていた。彼らは週末の息抜き、太陽、浮かれ騒ぎ、（おそらくは夫や妻とは別の相手との）セックス、そして大量の酒とタバコを求めてスペインにやってくる。弁護士がこの国に送られたのは、それが目的だった。イギリスの観光客が休暇中にタバコを吸うときに、彼の会社のブランドを吸ってくれるようにするためだ。

彼は偽のスペインが好きではなかったが、それについてよく知るようにはなった。

イギリスのアッパーミドル階級の人たちが休暇に出かけるときには、飛行機でトスカーナやプロヴァンスへ行き、田園地帯やブドウ園、海の上に家を借り、焼いた赤ピーマンと上等な肉を食べ、それを複雑な味わいの最高級ワインで流し込む。

労働者階級と中産階級は偽スペインで一週間の休暇を過ごすことが多く、食事と往復の飛行機代が込みでわずか一九九ポンドしかかからない。イギリスでよく言われるように、「フライドポテトくらい安い」（激安！）のだ。年金暮らしの人も休暇をとる。彼らもしばしば偽スペインを選ぶ。弁護士がまだ入社したてのころに会ったドライブチームは、おそらくみな偽スペインに行ったことがあるだろう。ベルファストの工場の従業員も、偽スペインにやってくる。

偽スペインには、本物のイギリスとは違って、太陽の光、青い空、やわらかい砂のビーチがある。ブライトンの大きな小石のビーチとは違う。ブライトンのビーチは靴を履いたまま歩かなければならず、正直なところ、快適にくつろぐことなどできない。

偽スペインの休暇には、ふたつのホットスポットがあった。コスタ・デル・ソルとイビサだ。このふたつの場所は、DNAがわずかに異なる。

イビサは、パーティー、夜通しのダンス、ドラッグ、夜明けのベッドを求める人たちの目的地として世界的に有名だった。どちらかといえば、二十五歳未満向けの島だ。コスタ・デル・ソルにあるマラガは、それよりは少しだけ落ち着きがあり、ほんのわずかだけ安っぽさが薄れる。こちらは二十代後半以上の、ビタミンDを補強したアルコールを求めてくる旅行者向けだ。

スペインへの出張で最初のころの任務のひとつはマラガの市場調査ツアーをして休暇中の人々を

観察し、彼らがどう行動するかを見て、その休暇体験を取り巻くあらゆるマーケティング勢力を探ることだった。

偽スペインへの弁護士の最初の反応は、どうだったのか？ 彼は小さな偽物タウンにひしめくイギリス、アイルランド、ドイツのバーやレストランの数の多さが信じられなかった。スペインで一週間を過ごす間、スペイン語をひと言も話さずにいられることが信じられなかった。あるいは、ビールのパイントグラスやピッチャーでさえ、一ユーロほどしかしないことが信じられなかった。外国を訪ねて、地元の食べ物を何ひとつ味わわない人がいることも、ホテルが昼も夜も、時間かまわず浮かれ騒ぐ若い男女であふれているのに、誰もスペインの警察に逮捕されないことも信じられなかった。そして、マーケティングの観点からすれば、タバコ会社がタバコ一カートンと一緒に酒のボトルを無料で渡していることが信じられなかった。ウォッカやスコッチの大きなボトルが、なんと無料なのだ！

彼が偽スペインの市場調査で見たものは、昼も夜も続くパーティーだ。人々は飲んで、飲んで、さらに飲んで、タバコを吸って、吸って、さらに吸った。比較という点では、スペインでは税率が低いため、イギリスでのタバコひと箱の値段で、偽スペインでは一カートンを買えるほどだった。

彼は人々の休暇体験がどのように展開するかを観察するためにひと晩とどまり、失望した親のような気分になった。彼がお人よしだったわけではない。彼は数年間、ロンドンのナイトクラブを遊び歩いた。しかし、ここは違った。それは彼が二度と戻りたくもないと思うような学生の社交パーティーだった。いるのが大学生ではなく、十分に成長した大人だというだけだ。人々の酩酊状態はいつも彼を驚かせた。見ているると困惑するほどだったが、あきれるほど多くのタバコを売るには完璧な場所だった。

マラガでの普通の一日がどう進むのかをまとめるとこうなる。

典型的な観光客が起きる時間は、早くはないが、一〇時を過ぎるほどではない。イングリッシュ・ブレックファストはツアー料金に含まれている。ベークトビーンズ、フライドポテト、ソーセージ、ベーコン、トースト、紅茶かコーヒー。おそらくはビュッフェ形式で、人々が一日分の食いだめをする時間だ。弁護士は何人かの旅行者がサンドイッチを作って、あとで食べるためにバッグに入れているのを見かけた。

朝食後、プールあるいはビーチに、チェアを確保しようとする人たちが押し寄せる。しかし残念ながら、ドイツ人がおそらく何時間も前にすでに一度そこにやってきて、チェアにタオルをかけて場所取りを済ませている。弁護士の会社がドイツ人と張り合うために、ユニオンジャック柄のタオルを無料で提供し始めたのは、それが理由だ。彼はこのタオルに関しては、とてもよい販促素材だと思っている。

しかし、イギリス人でもドイツ人でも、午前一一時ごろから酒を飲み始める。それがたっぷり午後まで続く。海を見ながら飲み、プールでひと泳ぎする前に飲み、午後の日差しのなかで泳いだあとに飲む。これは、スペイン人が昼食とシエスタをとり、日陰から出ようとしない時間だ。観光客は日焼けするため、アンダルシアの太陽にじりじり焼かれるため、そうしながら酒を飲むためにそこにいる。日焼け止めをたっぷりと塗り、ビールの栓を開け、日に焼ける。午後はずっとそれが続く。

ホテルの部屋に戻るのは、午後四時か五時くらいだ。あまりに飲みすぎたか、日に当たりすぎたか、あるいはその両方のために、彼らはホテルのなかに避難する。そこでセックスにふけるか、休息をとるか、ビリヤードかテーブルサッカーなどのゲームに興じる。

二、三時間後、彼らはパーティー用の服に着替えて再び活力を取り戻した状態で姿を現す。女性たちは超ミニのスカートを履き、濃い化粧をして、ジュエリーをたくさん着けている。男性たちはタイトなジーンズにTシャツ姿で、ジェルで髪をなでつけ、コロンをつける。

それから、彼らは「町（タウン）」に向かう。

マラガで「町」に行くというのは、通りを歩いてレストランに夕食を食べに行くということだ。しかしもちろん、それは観光客向けのレストランで、英語で書かれた観光客用のメニューから選ぶ。食べ物は弁護士がマドリードで楽しんだものとはまったく違う。ここの食べ物は、安いが、質も悪い。アルコールも同じだ。だが、誰も気にしているようには見えない。誰もここに食べ物を求めてきているのではないからだ。夜遅くのロンドン、ブリストル、マンチェスターと同じだ。違うのは、ここは外にいても暖かく、おそらく石畳の通りもいくらかあり、かわいらしい昔風のヨーロッパ式街灯がいくつかある。

夕食後、誰もがバー、イギリス式のパブ、あるいはナイトクラブでのパーティーに引き寄せられていく。これらの選択肢のどこでも、安い酒を提供する。若者であればナンパスポットがあるし、ただ座ってあたりを観察し、酒をすすりながらタバコを吸いたければ、パブもある。

あとは、どれだけそこで持ちこたえられるかだ。あなたはどれだけ飲む人だろう？　三杯？　四杯？　五杯？　何杯飲むと、まともな状態ではいられなくなり、カウンターの端にいる人が魅力的に見え始め、仕事や家族が抱える問題について忘れてしまうだろう？

午後一一時を過ぎたころ、警察が街を巡回して酔っぱらいの面倒を見始める。もしあなたが大酒飲みなら、クラブから出て、深夜の軽い食事で酒をひと休みする群衆に加わるだろう。通りで何度もつまずき、どこか悲しげで、混乱した状態になっている。

弁護士は、泥酔した二十代の若い女性が道の真ん中で立ち止まり、寝そべって、スカートを腰の上までまくり上げた状態で気を失うのを見たことがある。驚いたことに、女性は下着を着けていなかった！　もうひとつの情景。酔っぱらって悲しげな顔つきの若者が、足をけがして血を流している女性にすり寄っていた。それがセクシーだったのだろうか？

若者たちは群れをなしてうろつき、女性たちをじろじろ見て、歌い、叫んでいる。もしかしたら、映画『ファイト・クラブ』流の古風な乱闘に巻き込まれるかもしれない。マラガを訪れた弁護士がこうした通りを歩いていると、女性がよろよろと彼のほうに近づいてきた。ぼんやりした目で彼を見つめ、それから大声であけすけな質問をしてきた。「ねえ、ファックしたくない？」

深夜のマラガ。それは西洋文明の崩壊を目にしているようだった。


こうした観光客の気を引いて、自社のタバコを買ってもらおうとする会社の戦略的な見地からすると、弁護士はこの休暇サイクルの間に、特別な時間があることを知った。パッケージツアーは木曜から木曜、または日曜から日曜までというのが一般的だ。したがって、その最初の夜に観光客をつかまえるようにすればいい。彼らが浮かれ気分になって、ポケットにまだお金がたっぷりあるときに。とくに夕食後の、酒に浸る長い夜が始まる前、彼らがバーテンダーから「やむなしの購入」をする前の、スイートスポットにいる間につかまえるのがいい。

町の小売店も彼らに誘いをかけるが、イギリスにある店とはまったく違う。この偽スペインでは、政府が小売店に、タバコと酒に捧げる消費者大聖堂を築くことを認めていた。これらのスーパーストアは、テレフォンカード、雑誌、絵葉書、ライター、酒などを売っているが、何より力を入れているのはタバコの販売だった。カートンのタバコだ。店に入ると、何列もの通路に床から天井までびっしりとタバコのカートンが並んでいる。北アイルランド工場の倉庫の縮小版だ。

観光客は一度に四カートンまで購入できる。魅力的な無料のウォッカ一本もついてくるが、タバコを四カートン買うことが条件となる。もっと買いたいと思わせる価値ある何かを提供すれば、彼らは期待どおりに行動してくれる。考慮すべき重要なポイントは、アルコールに対しても、スペインは税率が非常に低いということだ。ここは、ビール一本がボトル入りの水と同じかそれ以下の値段で売られている、奇妙な旅行者天国だ。

なぜイギリスのタバコ会社がこの観光客市場にこれほどの努力を注ぎ込んでいたのだろう？

答えは簡単だ。ここには競合会社が進出していて、自分たちもこの市場に参入しなければ、競合会社の独占状態になってしまう。観光客は旅の楽しい思い出と休暇先で知った新しいタバコのブランドを結びつけ、気が滅入る灰色のロンドンでの九時から五時までの仕事に戻っても、そのブランドを買うようになる。

酒のボトル、ビーチタオル、Tシャツが、このマーケティング戦争の武器になった。ドライブチームがしているのと同じことだが、観光客がばか騒ぎをしている最中にそれをする。故郷の市場には存在しないブランド紹介の場となるのだ。

バケーション市場は、イギリス市民にタバコ製品を自国以外の旅先で合法的に広告する、最後にして最善の方法のひとつだった。

たとえば、無料の販促サービス品は、イギリスでも以前はマーケティングツールとして法的に認められていたが、もう違法になった。でも、ここ偽スペインなら、もっと効果的に活用できるツールだった。

ここのチームは毎週、異なる販促品を配布していたが、年中同じものを使わないのはどうしてなのか？　結局のところ、旅は年に一度のサイクルで、同じ人が毎週毎週戻ってくるわけではない。同じ無料のTシャツを一年中配ってもいいのではないのか？　そして、もしそれが「濡れTシャツコンテスト」に変わったら？　まあ、それは一線を越えることになる。しかし、ここにはパーティー文化があり、タバコはそのパーティーに欠かせない小道具だった。

基本的に、そこにいるのは「囚われの聴衆」〔訳註／聞きたくないことを強制的に聞かされる状況に置かれる人たち〕だ。そして、スペインではすべてのキャンペーンが一〇〇パーセント合法だった。

スペインに来た観光客がイギリスのタバコをカートンで買う理由はもうひとつある。EUが自由なモノの移動を認めたことにより、イギリスやアイルランドからの観光客がスペインで好きなだけタバコを買い、自国に持ち帰ることは、個人の使用であるかぎりは完全に合法になった。当時、スペインでのタバコひと箱は、イギリスで買う平均的なひと箱の少なくとも三分の二は安かった。

観光客が友人や自分のためにタバコを買って帰るだろうことは、簡単に想像がつく。もしあなたがスーツケースを安いタバコでいっぱいにしたら、相当なお金の節約になるし、友人に売ればそれなりの利益になる。喫煙者が一年分くらいのタバコをイギリスに持ち帰るのも、めずらしくはなかった。また、喫煙者が飛行機に乗り、マラガで降りて、おいしいスペインのランチを食べ、カバンにタバコを詰め込んで、その日のうちにイギリスに帰るのも、めずらしくはなかった。

その節約はかなりの額になった。何千ポンドもの節約だ。それに、誰が個人的な使用ではないと言えるだろう？　税関職員があなたの自宅までやってきて、持ち帰ったタバコをあなただけが吸っているのを確かめるわけではない。

偽スペインでは、弁護士のタバコ会社はイギリスの有力ブランドのひとつにとどまっていた。今のところ、終わることのないパーティーが、会社が注力すべき市場、いわゆる「スイートスポット」だった。

しかし、タバコのマーケティングと広告の規制に関して言えば、戦場は移っていた。弁護士がイベリア・ファイルを担当していた時期に、ヨーロッパにタバコを紹介した国が、タバコの広告に関して比較的自由な市場から、よりなじみのある西ヨーロッパの市場に近くなっていった。弁護士がイギリスであれほどの時間を費やして対処したEUの「タバコ規制指令」のために、扉が閉まり始めたのだ。指令に基づいた規制はスペインにも導入されていったが、ここでは実施までに少し長くかかったというだけだ。「マニャーナ」――明日できることは明日――の精神で。

パーティーを離れてマドリードに戻ると、弁護士の会社のブランドは孤軍奮闘といったところだった。事実、イギリスの会社がスペインでタバコを売るという考えは、比較的新しいものだった。スペインの統治者は数百年間、タバコ産業のあらゆる側面を厳しく管理していた。タバコは数世紀の間、何代ものスペイン王家、彼らを追放した独裁者、そして最も新しいところではスペインの民主的君主制の国家に堅実な富をもたらしてきた。

伝えられるところでは、ロドリゴ・デ・ヘレスが新世界への航海を終えて帰国したとき、彼の隣人たちはこの船員がタバコを使っているのを見て、恐怖にかられた。彼の口から煙が出ていたからだ。ヘレスは間違いなく悪魔にとりつかれていると判断され、すぐに投獄された。どうやら何年も釈放されなかったらしい。

ようやく釈放されたヘレスは、タバコが人々に求められる商品になっていると知って、現実とは思えなかったに違いない。それからまもなく、在ポルトガルのフランス大使ジャン・ニコが（ニコチンという名称は彼の名にちなむ）、この依存性のある物質をフランス王妃のカトリーヌ・ド・メディシスの宮廷に持ち帰った。その後の話は、誰もが知るとおりだ。

スペインは、征服者(コンキスタドール)たちがアメリカの資源を獲得するにつれ、最も強大な帝国へと急速に発展した。君主がタバコ貿易の所有権を主張するまでに、長くはかからなかった。一六三六年以降、スペイン帝国のどこであれ、市民がタバコを買うと、それは王と女王のご厚意によるものとされ、王家は遠く離れた植民地――現在のコロンビア、キューバ、メキシコ、ペルー、フィリピン、ベネズエラに広がる地域――でのタバコ栽培から、国内と国外両方での製造・販売まで、サプライチェーンのあらゆる部分から巨大な利益を刈り取った。

それから数世紀が経ち、状況は変化しただろうか？

そう、帝国は崩壊した。しかし、弁護士がスペインで目にしたのは、本土全域で、タバコが特定の店舗だけで販売されている状況だった。誰もが「エスタンコ」とだけ呼んでいる店である。これらの店はニューススタンドと同じように、タバコ、テレフォンカード、雑誌、ガムなどの日用消費財を売っている。この国営のタバコ売店のネットワークは、人口を基準にしてタバコを効率的に売るために設立されたもので、人口一万五〇〇〇人に対してエスタンコが一店ある。弁護士は「エスタンコ」という語が、「タバコ店」あるいは「国の独占」のどちらにも翻訳しうることを知った。スペインではタバコを売る行為と国の独占という概念が、区別がつかないものになっていたからだ。

スペインでは今日でも、タバコひと箱の値段は政府によって承認される。したがって、すべての関係企業がタバコの売上からの利益を予想できた。利ざやは固定されていたからだ。

一方、数百年の間に強大な力を獲得してきた最王手のタバコ会社が、より親しみやすい響きのある「タバカレラ」に社名を変更した。この企業がスペイン本土でのすべてのタバコ製品のエスタンコへの流通をコントロールし続けている。基本的に、タバカレラは国による独占という精神を維持していた。その後、一九九九年に数世紀の歴史を持つフランスの国有タバコ専売会社と合併して、「アルタディス」という巨大企業となって地域に君臨した。すべてはより大きく、財力があり、機会に飢えたアメリカやイギリスのタバコ会社に買収されるのを避けるためだった。

路上レベルでは、弁護士が見たところ、エスタンコを所有することは、紙幣の印刷認可を得ることと同じくらいの価値があるようだった。これらの店は一万五〇〇〇人が暮らす地域内の一定数の喫煙人口に対してタバコを販売できるからだ。スペインのほとんどの地域は、この人口を基準にしたシステムのおかげで、店舗間の競争がほとんどなかった。

したがって、外国のタバコ会社が自社製品を店舗の棚に置いてもらえるかどうかは、マドリードの煙たいオフィスにいる担当者がエスタンコの店主を説得できるかどうか、そして、その店主にほぼ独占状態の国営の流通会社を説得してもらえるかどうかで決まる。彼らに幸運を！　そして、ここにはドライブチームはいなかった。彼らがいても役には立たない。彼らのやり方は独占状態の市場では機能しないからだ。

南スペインのような観光業が盛んな地域では、問題はなかった。スペインの他の地域では、店主たちの基本的な態度は、「とっとと消え失せろ（vete a la mierda）」だった。誰もイギリスのタバコを売ることになど関心がない。唯一の例外が偽スペインだ。つまり、そこで彼らが築いた酒とタバコの大聖堂が、厳密に言えば「エスタンコ」とみなされた。

この時代遅れの独占に近いシステムに希望の兆しがあるとすれば、それは、「データ」というひと言にまとめられるだろう。

エスタンコのシステムが効率的だったおかげで、タバコ会社の営業チームはスペインで売ったすべての箱を追跡できた。自分たちのホットスポットがどこにあるかを正確に把握できる。観光客相手のエリア以外に、そうした場所は多くはなかった。

だからこそ、マドリードのスタッフが気づいた異常なデータは、本当に奇妙な現象が起こっていることを示していた。そのデータによれば、ある特定のエスタンコ一店が、彼らの会社の製品をどこよりも大量に売っていた。

普通なら、ありえないことだ。そこで、彼らは何度も数字を確かめてみた。データは正しいように見え、間違いなく自分たちの会社のブランドがエスタンコただ一店から大量に売られていた。その店は、マドリードやバルセロナの中心にあるわけでもない。遠く離れた北部の、フランスとの国境に近い場所にある店だ。偽スペインからもはるか遠く離れている。

弁護士は、これは現地に行って調査してみる価値があると思った。そこで、デルモンテ・スーツを着込み、北部の小さな町にあるこのエスタンコの店主と会う手はずを整えた。

スペインの田園風景のなかを走る列車の旅は心地よかった。魅力的な国境の町に着くと、店主が彼のエスタンコで温かく迎えてくれた。おそらく五十代で、よく手入れされた口ひげを生やし、ビジネスカジュアルの服を着て、上等な靴を履いていた。たぶん、弁護士がこれまで見てきたなかで最もピカピカに磨かれた靴だっただろう。

店主はおしゃれで、エスタンコは洗練されてきれいだった。しかし、とくに際立ったところがあるようには見えなかった

ピカピカ靴の男性は、コーヒーでも飲みましょう、と弁護士を誘った。ふたりは一緒に近くのカフェまで歩いていった。男性は町の人気者のようで、すれ違った人がみな、彼に向かってうなずいたり微笑んだりした。まるで保安官か市長と一緒にメインストリートを歩いているような感じがした。

弁護士は、このピカピカ靴の男性が、そのカフェのオーナーでもあるのだと知った。それだけでなく、通りの向かいのホテルや、町のなかのたくさんの店も所有している。彼はこの国境の町にちょっとした帝国を築いていた。そのすべてをエスタンコの利益でここ数年間に買ったものだと、彼

は誇らしげに弁護士に説明した。

これは少しばかり困惑させる状況だった。小さな町のエスタンコ一店のオーナーが、どのようにして突然、これほど多くの物件を買い上げるだけの資金を得たのか？ 理論的には、すべてのエスタンコのオーナーの稼ぎは、ほぼ同額になるはずだ。それぞれがほぼ同じ規模の人口に売っているのだから。

スペイン中のエスタンコのオーナー全員が、突然、三年連続の当たり年に恵まれたわけではない。喫煙率はどの地域でも比較的安定していた。もちろん、偽スペインは例外で、ヨーロッパからの観光客が売上を押し上げていた。これは地理的エリアを分割し認可を与えたときには考慮されなかった要素だ。

ピカピカ靴の男性は、スペインの国産人気ブランド「フォルトゥナ」を好んで吸った。少し英語を話したが、ふたりはどちらも話すことのできるフランス語で会話した。カフェに座り、コーヒーを飲み、タバコを吸いながら、男性はフランス語で、彼が驚くべき特殊なタバコ販売の機会を得ていたことを説明した。

かなりの利益を上げていることを、彼は隠さずに認めた。それは、国境のすぐ向こうにいるフランス人に大量のタバコを売ってきたからだ。

なぜフランス人はタバコを買うためにスペインにやってくるのだろう？

答えは簡単だ。その数年前に、フランス政府がタバコ税をスペインよりかなり高率に上げた。北アイルランド工場のタバコに貼ってあった納税の証紙を思い出してほしい。フランス政府がタバコに高関税を課したのは、それによって喫煙率を引き下げることを期待したからだった。タバコひと箱がおよそ五ユーロになった。スペインでは同じ箱が二ユーロもしない。これは大きな価格差だ。

フランスとスペインの国境はあってないようなものだ。アメリカのサンディエゴからメキシコのティファナへ行くのとは違う。そこにはフランス、またはスペインに入国したという表示があるだけだ。シェンゲン協定により、何年も前に国境の検問は撤去された。

シェンゲン協定（イギリスとアイルランドは含まれない）によって、南ヨーロッパに入る移民――ヨーロッパの住民も同じ――は、ギリシャからドイツとフランスの最北端まで、制限なく移動できるようになった。フランス市民は車、オートバイ、あるいは徒歩でもスペインに入国でき、国境警備員と言葉を交わす必要もない。

この男性の幸運は、シェンゲン協定によってもたらされた。フランス政府がタバコ税を上げたことと、店の地理的な場所に恵まれたのだ。

より具体的に言えば、これは世界的な反タバコ運動への反応として、フランス政府が導入した政策のおかげだった。

ピカピカ靴の男性の商売は、今ではスペイン人の顧客基盤にとどまらず、彼のまったく普通の店まですぐにやってくることができる数千人のフランスの喫煙者にまで拡大した。彼らは店主とフランス語で話すこともできる。好きなだけタバコを買い、ただ家に持ち帰る。すべて完全に合法だ。

コーヒーを飲みながら、男性は国境の向こうのフランスのタバコ販売業者から脅しを受けた話をした。フランスの業者は、自分たちの客と儲けが奪われたと憤慨していた。そのため、男性は警備を強化した。この状況をまとめておこう。このひとりの男性は恵まれた特異な状況のために、一年に数百万ドル相当のタバコを売っていた。

実際に、ピカピカ靴の男性はとても幸せそうだった。結局、彼は町全体を買い上げていた。コーヒーは店のおごりですよ、と彼は弁護士に言った。

謎は解けた。

弁護士は満足した探偵としてマドリードに戻った。

タバコへの増税はこのひとりの男性に大金を儲けさせた。しかし政府がタバコの税率を上げたときにその恩恵を受けたのは、彼だけではない。一九五〇年代にアメリカのＣＩＡがつくり出した「ブローバック」という用語は、政治的活動の予期せぬ結果を意味した。政府によるタバコ増税が偽造タバコ市場を勢いづかせたことを表現する言葉としては、この「ブローバック」が最も適しているだろう。そしておそらく、ジブラルタルほどその結果がはっきり表れている場所はなかっただろう。

海賊タウン

弁護士の母親はいつも、観光客、船員、犯罪、そして海賊が牛耳る疑わしい都市国家について、語るべきよい話がひとつもないのなら、何も話してはいけないと教えていた。

彼がスペイン担当になったとき、ジブラルタルの管理も一緒に任された。ジブラルタルは税金のない多くの都市国家と似ていなくもない。ここでは男性、女性、子どもすべてに、彼らが消費できる以上のタバコ製品を売っていた。つまり、ジブラルタルは違法タバコをヨーロッパ本土に密輸する悪名高い港で、利ざやは大きく罰則は軽かった。

観光客やら、掏摸（すり）やらで、日常的にカオス状態にあるロンドンのトラファルガー広場を、苦労して通り抜けた経験のある人なら、四つのライオンの銅像に守られたコリント様式の巨大な柱が、なぜ永遠の交通渋滞を静かに見下ろしているのか不思議に思ったことだろう。もちろん、この柱は英国海軍がフランスとスペインの連合艦隊を破った軍事的勝利を記念するために建てられた。

ナポレオン戦争中の一八〇五年、英国海軍はトラファルガー岬の沖での両植民地帝国に対する画期的勝利により、ナポレオンのイギリス侵略計画を止めた。そのすべては、イベリア半島の南端に位置し、戦略的に重要な海軍の拠点であるジブラルタルから少しだけ回り込んだ場所で起こった。

ジブラルタルはイギリスが一七一三年に公式に領有した。この暑く乾いた小さな土地が、貴重な水路であるジブラルタル海峡を通って、地中海と大西洋の間を横切ろうとするすべての船を守っていた。イギリスが二〇世紀初頭まで海軍力の優位を保てたのは、この陽光あふれる細長い土地にある安全な港のおかげでもあった。

したがって、ジブラルタルはスペイン当局にとっては、相変わらず外交上の厄介者のままで、このスペインの岬の最先端に無遠慮に存在する小さなイギリスの飛び地との境界を監視し続けた。その土地を管理するイギリス当局は、あとになってからそこが植民地時代を想起させる場所だと気づいた。帝国のはるか遠くの片隅に自国の国旗がはためいている世界だ。しかし、特別に何かひどいことが起こらないかぎり、権力者のなかで、そこで実際に起こっていることに注意を向ける者はいなかった。

その意味で、イギリス人はジブラルタルを海軍の前哨地として維持するというすばらしい仕事をしたが、タバコの偽造ビジネスを監視するという点では、杜撰な仕事をした。弁護士はジブラルタルを巨大なざるとして見るようになった。偽造タバコがそこを通ってアフリカとアジアからヨーロッパに流れてくる。

彼の会社は他のタバコ会社と同じように、合法的なタバコをジブラルタルで売っていた。製品は北アイルランド工場で製造したものを送っていた。ジブラルタルで売った大きな理由は、クルーズ船で通りかかる観光客や、戦艦で通りかかる軍隊に人気の免税エリアだったからだ。そして、まだそこに住んでいたイギリスの年老いた漁師たち——まるで帝国時代のセピア色の絵葉書から抜け出てきたような年寄りたち——も顧客になった。

また、南スペインから一日だけ、おそらくはタバコや酒のほか、求めている物を何でもジブラルタルで安く買おうという目的でやってくる人たちにも売った。ここでは物が全般に安く買えるのだ。スペインとジブラルタルの国境は、スペインとフランスとの国境とは異なる。イギリスはシェンゲン協定には参加しなかったことを思い出してほしい。この国境は冷戦時代の東西ベルリンの境界線にたとえるほうがより近いだろう。ただし、スペインとイギリスは友好関係にあり、当時はどちらもEUの活動的な加盟国だった。

しかし、ご注意あれ！　もしあなたがこの国境を越えるのであれば、ジブラルタルが海賊タウンになったとわかっているスペイン当局が、この飛び地を出入りするすべての人、荷物、車を検査する必要を感じているので気をつけたほうがいい。国境警備員はそれを――無遠慮な意思表示として――意図的に行なっていた。交通の流れを阻害して、イギリスにこの係争中の土地をスペインに返還するように圧力をかけるためだ。しかし、イギリスはこの土地をおそらく絶対に手放したりはしないだろう。基本的に、スペインはイギリスがまだジブラルタルの統制権を保持していることに腹を立てていた。そして、弁護士の見るところ、その独りよがりの態度が国境の警備にはっきり表れていた。この点で、国境警備は斬新な政治的ジェスチャーの舞台のようだった。

スペインからジブラルタルへ直接飛行機で行けないのも、負けを受け入れたくないというスペイン側の態度のためだった。もしあなたがスペインからジブラルタルへ入るのなら、車で来なければならない。しかし、国境の車の列はうんざりするほど長いので、車を駐めて歩行者として国境を越え、タクシーを拾って町の中心部まで行ったほうがいい。

そして、この石畳の町は、本当に過ぎ去った時代のイギリスのように感じられる。昔風の郵便ポスト、赤い電話ボックス、壁が歪んだパブ、そして、イギリスのタバコや他の免税商品を売っている店が連なっている。

弁護士はここに住む人の大勢がイギリス人の子孫で、ホテル、レストラン、パブを経営し、英軍基地で働いていると知り、驚いた。どこか非現実的な町で、ジョン・ル・カレの小説から抜け出してきたかのようだ。犯罪活動のにおいもかぎ取ったが、実際にそれを目にすることはなかった。


ジブラルタルでの弁護士の仕事は、必ずしも自社製品がここで確実に売られるようにすることではなかった。それは、店舗の棚やカウンターの後ろにきちんと置いてある。本当に成すべき仕事は、偽造製品や疑わしい製品のためにつねに生じる問題に対処することだった。怪しいタバコは最終的には本社の消費者サービス部に送られ、そこからしばしばR&Dに回されて分析される。

闇市場の製品がジブラルタルの港に入り込む証拠をつかむために、弁護士は地元の法律事務所と協力した。彼らにも不法な取引を監視する理由があった。実際面で言えば、疑わしい倉庫の捜査と押収、その他の差し止め命令を得るために、警察との協力も必要だった。すべては勢いを増す偽造産業から、会社の権利、製品、評判を守るためである。しかし、弁護士がこの戦いに勝ち目はないとわかるまで、長くはかからなかった。

勝ち目のない戦いだったというのは、ジブラルタルが小さな土地で、非公開の裁判でさえ、秘密を保つのは不可能だったからだ。警察が保管倉庫や店舗に捜査令状を持って現れたときには、偽造品はすでにすべて持ち去られている。弁護士は、情報が漏れたのが裁判システムからなのか、警察からなのか、それとも彼自身の法務チームからなのか、結局はわからなかった。もしかしたら、そのすべてだったかもしれない。

ルール——ジブラルタルでは悪者がつねに勝つ。

そして、ここは海賊タウンになった。モナコも間違いなく海賊タウンだが、モナコにいるのは、裕福そうに見える海賊、洗練された見かけの海賊、仕立てのよいスーツを着てフェラーリを運転する海賊たちだ。

ジブラルタルの海賊は違う。ここにいる海賊たちは目立たない。ジブラルタルでは誰が海賊なのかがわからない。


弁護士のジブラルタルでの連絡係は、ファンという男だった。到着して間もないころにファンが市場を案内してくれたとき、ある店に入るとファンが弁護士に言った。「棚に置いていないグレー市場の品があるかどうか、英語で聞いてみてください」

弁護士は店のなかを見回した。ここにはたくさんのタバコ、数千ものカートンが天井まで積み上げられている。売っているのはタバコのカートンと酒類だけで、どこまでもタバコと酒の商品棚が続いていた。すべてが免税品だ。あるいは少なくとも免税品だと銘打っていたが、ここで買い物するために搭乗券を見せる必要はない。ジブラルタルはある意味で、世界最大の免税品店のようなものだ。大洋の端に位置するここは、アフリカとヨーロッパをつなぐ洋上を航海する、すべての海賊たちのための店だった。

弁護士はファンに言われたとおり、棚に置いていない商品——秘密の品か何か——を見せてもらえないかと、店員にたずねてみた。

店員はまったくためらわなかった。それどころか、いそいそと店の奥に行って、タバコのカートンを手に戻ってきた。驚くなかれ、それは彼の会社のタバコだった。

弁護士は店員から手渡されたカートンをじっくり調べた。フィルム包装は、北アイルランド工場で製造されたものと違って緩みがあった。パッケージの印刷も少し違って見えたが、もし彼が仕事として調べるのでなかったのなら、区別がつかなかったかもしれない。

そのタバコはアフリカのどこかの認可された工場で製造されたものかもしれないし、数百はある偽造工場で作られたものかもしれない。消費者がタバコを買うときに高い税金を支払っている状況につけこみ、世界各地に次々とそうした工場が現れていた。

弁護士はこうした偽造工場がどこにあるのか、具体的にどれほど多く存在するのかを、告げられていなかった。この仕事を始める前に、偽のブランドバッグや時計についてはよく耳にしたが、タバコについては聞いたことがなかった。

ファンは店員からそのカートンを買った。

ふたりは外に出てから、それを開封した。なかには八箱入っていた。通常の一カートンは一〇箱だ。

彼らは箱のひとつを開けて、タバコを一本取り出した。高技術の工場で専門的に作られたものでないことは明らかだった。弁護士はタバコを鼻に近づけて、においを嗅いだ。小便みたいなにおいだ、と彼は思った。

ファンは、弁護士がそれを口にくわえ、火をつけ、煙を吸うのを見守った。煙のにおいも違っていた。本物のフレーバーとは違う。しかし、確かに滑らかさには欠けているものの、タバコとして吸えないわけではない。

これは、北アイルランド工場のR&Dチームに送らなければならないだろう。彼らなら、これを分解して分析する技術を持っている。そして、信じられないほど膨大な数が集められた世界のタバコのコレクションとともに、倉庫にしまい込まれる。

広告が規制され税率が上がるとともに、偽造タバコの販売は世界中で急増していた。ジブラルタルはもっと大きく複雑なネットワークのほんの小さな一部にすぎない。それは、たとえその網に捕らわれたとしても、ほとんど目に見えないネットワークだ。

各種の報告書によれば、一年に闇市場で売られるタバコは数十億本にもなる。それらは世界中の違法な工場や業者からやってくる。高い技術を使うところもあれば、質の悪いところもある。マレーシア、フィリピン、スペイン、フランス、南アフリカ、そして中国にも増え、中国では明らかに、洗練された工場で、弁護士の会社の工場と同じくらい効率的にタバコを製造している。うわさによれば、中国の偽造品製造施設のいくつかは、辺鄙(へんぴ)な土地の湖の下や洞窟に隠されているという。彼は知りたいとも思わなかった。

おそらくそれほど驚くことではないが、偽造タバコ産業と最初期に結びついたテロ組織のひとつが、アイルランド共和軍(IRA)だった。これは、IRAが活動する北アイルランドでは、その裏庭にイギリス最大級のタバコ工場——弁護士の会社——があったことと関係していたのかもしれない。

どこで製造されるかにかかわらず、闇市場のタバコは取引の規模、範囲、利ざやという点では、ヘロインと同程度だとする見方もある。数十億本のタバコが消費者の手に渡るが、税金がかかっていない。政府がそれによって失う税収は年に五〇〇億ポンドを超えると見積もられる。

そして、他のテロ組織もIRAの先例に従った。テロ組織や組織犯罪——アルカイダから「古きよき」アメリカのマフィアまで——と偽造タバコの取引を結びつけるニュース記事を見つけるのは難しくない。偽造タバコは、たとえばヘロインの密輸と比べると、捕まったときの刑罰が軽くてすむ、ひと儲けするには格好のビジネスだった。

しかし、これは比較的新しい現象だ。闇市場は政府による製品への税率の引き上げとともに成長していくらしい。つまり、これはタバコ産業への攻撃がもたらした「ブローバック」だった。

弁護士にとって、偽造品市場はアルベルト・アインシュタインの名言、「学べば学ぶほど、自分が知らないことがいかに多いかを実感する」の完璧な例だった。

問題はあまりに大きく、あまりに謎めいていて、ほとんど抽象画のように難解だ。正直に言って、この闇市場と海賊タウンについて弁護士が知りたいことはそれくらいだった。

しかし、ひとつだけ明らかなことがある。もし彼がイギリスの首相だったら、すぐにジブラルタルをスペインに返還するだろう。ここでの厄介な状況を考えれば、領有を続けるだけの価値がない。海賊はスペインに任せてしまえばいい。

灰のビーチ

カナリア諸島も弁護士が担当するイベリア・ファイルの一部で、その地域市場のすべてを詳細に知る必要があった。

ここへ来るように指示されるまで、カナリア諸島については聞いたことすらなかった。すぐ近くにある場所でもない。ロンドンから南西に四時間のフライトで、スペインを越え、ジブラルタルを越えて、モロッコの西一〇〇キロほどの北大西洋上にある点のような島に着陸した。

最初の旅で飛行機から降り立ったとき、すぐにこの土地に魅了された。弁護士は容赦ない寒さの冬のロンドンからやってきた。カナリア諸島の主要七島のうち最大のテネリフェ島は、摂氏二五度という完璧な気温で、青い空が広がり、地平線には壮大な火山の輪郭が断続的に連なっていた。

カナリア諸島の気温は一年を通してこのくらいなのだとわかった。夏は平均三〇度、冬は平均二〇度だ。愛情深い神の力で、このあたりの気温を安定させてくれているようだ。

この暖かな陽光たっぷりの一群の島は、矛盾だらけだった。ヨーロッパに属する土地ながら、ヨーロッパのどこからも離れ、厳密にはアフリカ大陸の構造プレートの上に浮かんでいる。まだスペインの管理下にあるが——植民帝国時代の置き土産だ——多くの側面で明らかにEUの域外にある。孤立しているが、世界中の人々がやってくる。

冬にはイギリス人に人気の観光地となる。彼らはヨーロッパにはとどまりたいが、どこかエキゾチックな場所にいると感じたいのだ。タバコ会社の戦略的には、イギリスの観光市場として重要な土地だった。カナリア諸島は地理的にはEUの外にあり、タバコ税がないからだ。

これはつまり、タバコが安く買えるということで、偽スペインよりも、ジブラルタルよりも安い。弁護士が二〇〇〇年代初めにはじめてやってきたとき、イギリスで買うタバコひと箱は三ポンドから四ポンドほどで、スペイン本土ではそのおよそ半分の値段だった。この魅力的な島々では、さらにその半分の、ひと箱一ポンドだった。

カナリア諸島は「ヨーロッパ」のなかでタバコが一番安い場所というだけでなく、世界でもとくに安い場所だった。まさに喫煙者にとっての楽園で、会社が自社ブランドを紹介し、イギリスからの観光客に大量に売るための、偽スペインに並ぶ絶好の土地だった。

カナリア諸島はラスベガスに似たところがある。地元の人々はあらゆる所得層、あらゆる国からの観光客を歓迎する。休暇を過ごす目的地としては、安上がりの休日が過ごせる場所に分類されるが、贅沢な高級ホテルやアトラクションもある。ヨーロッパの富裕層のリタイア組のコミュニティがいくつもできているが、弁護士にもその理由がわかった。ここで暮らすのは、とても快適だ。ビーチを散歩する高齢者たちは、若返って生き生きとしていた。

ほかにも違いがある。スペイン本土には「エスタンコ」のビジネスモデルがあるが、ここにはそれがない。その代わりに、どこでもタバコが売られている。食料雑貨店でも、レストランやバーでも、ビーチでも。ビーチバッグにタバコの箱を入れて、ビーチで売り歩いている人たちもいる。砂浜に寝ころびながら、誰からでもタバコを気軽に——合法的に——買うことができる。

小売店ではさまざまな他の商品とともに、商品棚にタバコを置いている。信じられないくらい安く、それを制限する法律もないからだ。

多くの国の商店でタバコがカウンターの後ろに置かれるようになったのは、法的規制だけが理由ではない。高価で貴重な商品になったおかげで、強盗にねらわれるようになったからでもある。しかしここでは、豆の缶詰やポテトチップスの横にタバコを置くことができる。これは弁護士が他の担当地域では決して目にすることのなかった光景だ。

欧米社会でこれほど無造作にタバコが売られているのを目にするのは、とてもめずらしくなった。ここでは、タバコ会社の担当者がスーパーマーケットのフロアに文字どおりタバコのカートンをピラミッド状に積み重ねて、無料のウォッカと一緒に売ることができる。カナリア諸島では、タバコを買ってくれた客に無料のおまけを手渡すのは当たり前に行なわれている。

この楽園では、なぜこれほどタバコが安く簡単に買えるのだろうか？

弁護士は、カナリア諸島には独自の製造形態があることを知った。

政府はすべての大手タバコ会社と異例の提携交渉をすることで、経済の手品を成功させた。そうすることで、外国産タバコへの特別な税金を通して市場をひっくり返した。

この外国税によって、カナリア諸島の外で製造され輸入されるタバコはすべて、諸島内で製造されるタバコよりも二倍から三倍高い値段になる。

北アイルランド工場で製造される「メイド・イン・UK」のラベルつきのタバコには、桁外れに高い値段がつくだろう。諸島外で製造される他のどのブランドも同様だ。島の労働者によって作られるタバコだけが免税となる。

カナリア諸島で消費されるほぼすべてのタバコが、島民によって作られたものだ。さらに信じられないことに、それらのタバコは、ひとつの会社が所有するひとつの工場で生産されている。シタ・タバコス・デ・カナリアス、人々が短く「シタ」と呼んでいる会社である。


弁護士はシタの工場を見学させてもらった。

そこは北アイルランドの工場とは違っていた。そのひとつの工場だけで、すべてのスペインの銘柄、すべてのアメリカの銘柄、すべてのイギリスの銘柄が製造されている。操業は滑らかで、合理的で、ハイテクだった。

弁護士は工場内のひとつの製造ラインから無敵のマールボロが、別のラインから彼の会社のタバコが流れ出てくるのを目にした。これはただめずらしいというだけではない。ここ以外では聞いたこともない。たとえるなら、コーク、ペプシ、RCコーラをすべて製造している工場、あるいはバドワイザー、クアーズライト、ハイネケン、カナディアンをすべて製造している工場を訪れているようなものだ。

シタは、この諸島の一地元企業というだけではなく、唯一の地元企業だった。

弁護士はこのような状況を見るのははじめてで、大手タバコ企業と提携したひとつの外国企業が、どのようにして厳重に守られたレシピへのアクセスを得たのか、理解できなかった。まったく驚きでしかない。しかし、そんなことも、この楽園ではどうでもよいと思えた。マニャーナ、マニャーナ。マドリードでのペースがどうであれ、ここでは物事はもっとゆっくりと進み、もっとゆったりとしていた。

流通システムもここでは違っていた。

食料雑貨店や街角の店へは、毎日一台のトラックがタバコを供給する。そう、あらゆるブランドのタバコだ。

弁護士の観察によれば、タバコの巡回トラックの運転手は、それぞれの店で何を買いたいかをたずねる。店舗は毎日、必要なタバコを仕入れることができる。これは明らかに通常のやり方ではないが、ここの経済は異なるルールに従っているようだった。

町全体をカバーするドライブチームがひとつだけあって、すべてのブランドを扱っているようなものだ。ここはあまりにのんびりとした雰囲気で、どういうわけか、すべてが意味を成しているように見える。

暖かさ、青い空、白い波、ゆっくりした日常のペース――弁護士はそのすべてに恋に落ちた。はじめのうちは、カナリア諸島を訪れるのは年に二、三回だった。役員会議とマーケティング会議のためだ。その後、彼の会社がシタの買収を決定した。

タバコ産業の統合が進んでいた。

その理由は、法と規制がどんどん厳しくなるにつれ、顧客基盤を成長させる確かな方法は、単純に、競合ブランドを買収し、喫煙者も一緒に獲得することだったからだ。

弁護士の会社も積極的に買収に乗り出し、対象はスペインと南米にも広がった。彼がイベリア・ファイルを引き継いだときには、彼の会社はカナリア諸島ではまだ小さな存在だったが、一転して諸島のタバコ産業全体を監督することになった。

この買収は弁護士の訓練課程でのもうひとつのステップだった。

ロンドン本社に戻ると、弁護士はシタとの交渉を担当する小規模なチームとともに働いた。彼にとって、これは高い学習効果が得られる機会になった。その一方で、彼のエレガントで広々としたオフィスは、物が増えてあふれ返っていた。大量のタバコのカートンに加えて、担当したさまざまなマーケティングキャンペーンで使ったポスターや販促素材が持ち込まれていた。担当する銘柄すべてのカートンを置くには、もう十分なスペースがなくなっている。床は北アイルランド工場の倉庫の縮小版のように見えた。

弁護士は自分の喫煙量が増えていることにも気づいた。妻もそれに気づいた。吸う本数が増えるのも当然だ。この会社に入る前には、店まで行ってお金を払ってタバコを買っていた。今は毎日デスクに用意されている。

確かに、従業員は無料のタバコを受け取るが、ほとんどの場合に上限が決められていた。しかし、彼の場合は上限がなかった。数多くのブランドのブランディングとパッケージングを調査するのは、彼の仕事の一部なのだ。

これは、同僚たちが毎週彼のところに、次から次へと調査用のカートンや見本を送ってくるということだ。時々、新たに送られてくるタバコを置くスペースをつくるためだけに、カートンを選別し、数十カートンを廃棄しなければならなくなる。何カートンものタバコを捨ててしまう喫煙者など、あなたは聞いたことがあるだろうか？

そして、弁護士が入社してすぐに気づいたように、喫煙の悪影響が話し合われることはまったくなかった。

　たとえば、この会社は数世代前に創立されたイギリスの大手企業で、引退した従業員の層も厚い。元従業員は定期的にニュースレターを受け取り、他の元従業員の近況や現役の従業員のプロフィール、会社の特筆すべきニュースなどを知らされる。

　このニュースレターにはお悔やみ欄もあるが、死因として、がんなどの喫煙に関連した病気に言及されることはない。喫煙の悪影響についての議論を避けることがほぼ絶対的なルールだった。従業員に喫煙の危険についての理解を促す「がん入門講座」のようなものもない。その代わりに、強調されるのは企業責任という文化だった。

　上司のメアリーはタバコを吸わなかった。彼女は健康的な食事を心がけ、ランナーでもある。ちなみに、彼女は法務チームからほぼ全面的な支持を得ているが、昇進することはなかった。弁護士にはガラスの天井というものがはっきりと見えてきた。

　時々、会議の席で、あるいはメアリーが彼のオフィスに立ち寄り、部屋の空気がどれほど煙で淀んでいるかを見たとき、彼女は心配そうな表情をすることがあった。弁護士は自分の喫煙が彼女をわずらわせているとわかったが、それでも、彼女がそれについて実際に何か言うことはなかった。何といっても、この会社が製造し販売している唯一の製品はタバコだったのだから。


　シタとの取引のために契約書を調べている間、彼は時々タバコを吸いながら、気がつけば、灰色のビーチを訪れるところを夢想していた。暖かな海風さえ感じられる気がした。

　彼はカナリア諸島での経験を妻とも分かち合いたかった。妻も、つねにグレーの単調なロンドンから離れることを絶対に必要としている。

そこで、次のマーケティング会議がカナリア諸島で開かれる予定だと知らされたとき、向こうで一緒に週末を過ごそうと妻を誘った。宮殿のようなグラン・ホテル・バヒア・デル・デュケに部屋を借りよう。

ホテルには輝くようなプールがたくさんあり、そのひとつで立ち泳ぎをし、おしゃべりをしながら、弁護士は自分たちもそろそろ子どもを持つことを考える時期だ、と決めた。しかし、その決断は彼にすぐさま困難な課題を突きつけた。

弁護士は今、タバコを売る仕事をしているが、妊娠中の女性へのタバコの悪影響を指摘する研究結果に加えて、喫煙は男性の生殖能力、とくに精液の質にも影響を与えるという指摘もあった。ふたりは子どもが健康に、可能なかぎりよい状態でこの世に生まれてこられるように万全を尽くすという考えで合意した。

それについて口論になったわけではない。彼はその結論を受け入れた。自分が何をすべきかもわかっていた。しばらくの間、タバコをやめなければならない。

彼は禁煙を始める日を決めたが、そうしながらも、ビーチでタバコに火をつけ、フレッシュ・パイナップルのスライスを注文した。あまりにも穏やかで、呪文をかけられたかのような気分だった。地平線の火山のシルエットをどれほど眺めても、それが爆発するという考えが思い浮かばなかったのも、そのためだろう。彼はやわらかな砂が静かに波に運ばれる音を聞いた。マニャーナ、マニャーナ。大都市のせわしなさからは、遠く離れていた。

グランプリで負ける

弁護士の会社にとって、グランプリは特別な日だった。

それは、「真綿に包まれるような」経験をプレゼントするように考えられたものだ——もしあなたが運よく、その場に招待されるとしたら。グランプリの日、会社が一日中、あなたの面倒を見てくれる。あなたが必要とするものすべてを予想し、その必要を満たし、上回りさえするように、費用は惜しまない。

弁護士の会社は、ごく少数の選ばれた人々をF1のイギリス・グランプリに招待できた。イギリスで最も権威あるカーレースだ。招待するのは大の得意客で、スーパーマーケットチェーン「テスコ」のヘッドバイヤー、最大手の現金取引の量販店の財務部長、「ファーキン」や「ホワッテバー」のようなパブチェーンのオーナーなどだ。いずれも、タバコの販売経路となる小売店である。これらの帝国を所有し経営する重役たちは、最重要顧客——VIP——と呼ばれる。

彼らがVIPとなるのは、週ベースで一〇〇万ポンド単位のタバコを販売する企業の代表だからだ。グランプリの観覧席は、会社が彼らへの感謝を表す方法のひとつだった。

残りの招待客は、会社の役員や上級管理職だ。弁護士も職務で参加した。イギリス・グランプリに関する法的ファイルを管理するのは彼の国内での担当業務のひとつだったが、この日の役割はV

IP顧客の誰かをもてなすことではない。彼が参加したのは、直前になってキャンセルが出たからで、マーケティング部長から招待されたのだ。要するに空席を埋めたにすぎない。

それでも、これは彼にとって、これほど大きなイベントが、会社のより大きなマーケティング戦略にどのように組み込まれるのかを間近で観察する機会になった。

招待客リストには、もうひとつのグループがあった。イギリスのセレブリティたちだ。国際的な有名人ではなく、国内のセレブである。連続テレビドラマに主演するスターたち、『サン』紙の三面を飾るビキニモデルたち、地域のサッカーやラグビーの選手たちである。彼らはメディアの注目を集め、ブランドの宣伝を助けるために参加していた。

これらの国内セレブたちは、イベントが親しみやすく愛されるものになるように、その場にいた。会社は彼らにブランドのロゴが入ったものを身に着けて、写真に収まるように依頼し、他の招待客とおしゃべりし、明るく微笑み、肩に触れ、ブランドのセレブらしく寄り添い、シャンパンのグラスを掲げてもらう。その間にも、すさまじいスピードで走るレーシングカーの轟音（ごうおん）が耳をつんざき、地面を振動させる。

グランプリに招かれなかったのは？　一般の喫煙者はそこにいなかった。彼らは国中のパブ、世界中のバーのなかで、テレビでこのイベントを見ていた。

ほかに、その場にいなかったのは？　ドライブチームのメンバーも、工場の従業員も、R&Dの研究者も、誰ひとりいなかった。彼らの上司も、そのまた上司の姿もなかった。これは企業が最も格式高く、最も法外な費用をかけて、VIPをもてなすイベントだった。それぞれの客に数千ドルの費用をかけていた。

その日は一日、ＶＩＰをもてなすための入念な計画がなされていた。どのように進められたかを教えよう。

早朝、それぞれの招待客の自宅までリムジンが迎えに行き、運転手がベルを鳴らしてリムジンのドアを開く。「おはようございます、奥様、旦那様」

リムジンは彼らをノーサンプトンシャー州の農家まで運ぶ。そこで彼らは、納屋のなかに案内される。そこには高級な朝食のため、テーブルクロスを広げたテーブルに食器一式がセットされている。ＶＩＰたちは温かい食事を提供され、無料のタバコも用意されている。

彼らが納屋で朝食を楽しんでいると、ヘリコプターが近づいてくる音が聞こえてくる。ヘリコプターはホバリングし、納屋の隣にある野原に着陸する。朝食が終わると、ＶＩＰの最初のグループがヘリに乗り込み、上昇する。ヘリは週末を過ごす車が下の道路で列を成すのを見下ろしながら上空を通過していく。車を運転しているのは普通の顧客たちで、上空にいるのはエリート顧客たちだ。華麗な彼らは、渋滞にはまることなどない。

ヘリコプターはシルバーストン・サーキットの特別観覧席の上を越えて降下し、レース場のど真ん中に着陸する。最も大胆な入場方法だ。ＶＩＰがひとりひとり、ヘリからアスファルトに降り立ち、おそらく一瞬の間、コロッセオの剣闘士になった気分を味わう。この壮大なイベント全体の規模と光景を台風の目から堪能できる。

彼らの周りを、Ｆ１カーの流線形の車体、颯爽としたモデルやドライバー、そして、スタンドに入ってくる数千の観衆が取り巻いている。エンジンがふかされ、ＶＩＰたちは乗ってきたヘリコプターが次の大切な顧客グループを迎えに行くために上昇するローターの回転音を聞く。燃えるゴムとガソリンのにおいが空気に混じる。

地上に降り立ったＶＩＰたちは、ゴルフカートに乗った女性の接客係に迎えられる。女性が着ているシャツと帽子にも、カートにも、タバコのブランドロゴが入っている。女性は陽気で、礼儀正しく、魅力的で、ＶＩＰたちを会社の接待用スイートまで案内する。そこにはシャンパンつきランチがすでに用意され、タバコと酒も好きなだけ楽しめる。ランチには、ＶＩＰだけでなく、ふたりの特別なゲストも参加する。会社がスポンサーになっているレーシングカーのドライバーたちだ。颯爽としたドライバーふたりは、レース前のわずかな時間にスイートまでやってきて、ＶＩＰたちに挨拶をする。満面の笑顔で一緒に写真に収まることが、契約の条件に含まれているのだ。

これを、この契約の背景で動いたお金という面から考えてみよう。

弁護士の会社は、腕のよいドライバーがいる、まずまずの成績のレーシングチームのスポンサーになった。しかし、偶然の幸運でもないかぎり、このチームがその日の勝者になることはないだろう。運がよければ三位か四位でフィニッシュできるかもしれない。つまり、彼の会社は負けるレースのために大金を支払っている。優勝の可能性が高いフェラーリやマクラーレンのスポンサーになるために、もっと高額のお金を払おうとはしなかった。

フェラーリのスポンサーはマールボロだ。世界で最も美しいその車は、もちろん、赤と白のマールボロ・カラーで飾り立てられている。

そして、ドイツのタバコブランド、ウエストが、マクラーレンのスポンサーだった。

三位か四位のチームのスポンサーになるにも、数百万ドルの資金が必要だ。もし弁護士の会社がフェラーリかマクラーレンのスポンサーになりたければ、その額は数千万ドルになるかもしれない。なぜタバコ会社は、グランプリにこれほどの額のお金を費やしていたのだろう？　テレビへのこれほどの規模での露出は、他の手段では不可能だったからだ。世界がこのレースを観戦する。

レースが始まると、弁護士はVIPたちを観察した。彼らはレーシングカーが現実離れしたスピードで、形もはっきり見えない状態で走り抜けていくのを見守っている。いつものようにフェラーリが早くもリードを奪い、他の車との距離がどんどん開いていく。弁護士は観覧席で応援している数千人のうちどれほどの人が、マールボロが当初は女性向けのタバコだったと知っているだろう、と思った。

リチャード・ドールが一九五〇年代に実施した初期の研究が世間の注目を集めたとき（各種の合意や指令によって広告の風景が様変わりする以前のことだ）、フィリップモリスは男性の喫煙者向けの、より安全な選択肢として売り込めるタバコを開発することにした。もちろん男性的なタバコだが、健康に留意してフィルターを加えたタバコだった。

その時点まで、ほとんどのタバコにはフィルターがついていなかった。しかし、新しいブランドをゼロから作り上げる代わりに、フィリップモリスは既存のブランドのなかから、あまり販売成績のよくなかったものを選び出した。既存のブランドを使うほうがより簡単で、より安上がりだった。弁護士もよくわかっているように、新しい商標を獲得し、国際的特許を申請するために必要な法的手続きにかかる、莫大な額の手数料を節約できるからだ。

女性向けの古いブランド、「マールボロ」をよみがえらせることにしたフィリップモリスには、ひとつの課題があった。まさにその新しい特徴であるフィルターのために、マールボロのリブランドは「女っぽい」とみなされる恐れがあったのだ。そこで、再発売のために意図的にマッチョのイメージを植えつけようと、アメリカの強い男性の内なるスピリットを思い起こさせるような、適切なシンボルを探した。

たどり着いた戦略は、いろいろなタイプの「男らしい男たち」——船員、兵士、カウボーイなど——が、フィルターつきのタバコを吸うところを前面に押し出すことだった。最初にきたのがカウボーイだった。

伝えられるところによると、マールボロの再発売に適した音楽を提案したのは、ひとりの実習生だったという。その実習生はある夜、映画『荒野の七人』を観に行った。西部開拓時代の埃(ほこり)っぽい西部の地で、男たちが戦いを繰り広げる物語だ。ユル・ブリンナーやスティーヴ・マックィーンが主演し、メキシコの岩だらけの村を舞台に、アメリカのガンマンたちが無法者から村を守る(ネタバレ注意——この映画ではほぼ全員が戦いで死ぬが、「名誉」の死を遂げたガンマンたちは勝利をつかんだ。村人たちは生き残るからだ)。

この映画を観たあとで、実習生は『荒野の七人』の音楽を広告代理店に持ち込み、その広告代理店がカウボーイの映像とともに流した。重役たちはそれを気に入り、誰もが気に入った。それが、マールボロの再発売キャンペーンの始まりだった。男性が何を夢見ているかについてのリサーチが、それを支えた。自由。星空の下、たき火のそばで過ごす夜。銃。すべてがマッチョなものだった。

マールボロはタバコを吸うカウボーイとともにすぐさま大ヒットした。一九六〇年代に入ると、フィリップモリスは進取の気性に富んだ広告代理店の協力も得て、洗練された巡回美術展のスポンサーから、テニスのトーナメント、音楽祭、そして、グランプリのレースまで、新しいマーケティング手法を実験することに熟練していった。

しだいにすべてのタバコ会社がこうした大きな文化イベントやスポーツイベントのスポンサーを務めるようになり、それがこれらの企業の急速な成長を助けるとともに、タバコブランドへの消費者の認知も深まっていった。

しかし、一九七〇年代になると、どのタバコ会社も業界のブランドリーダーである無敵のマールボロには追いつけなくなったようだ。イメージを一新したこのアメリカのタバコは、世界史上、最も成功した消費者ブランドのひとつになっていった。

それはマーケティングの力によるものだ、と弁護士は学んだ。完璧なキャンペーンは会社に巨額の富をもたらす。そして、有能な広告代理店はどんな製品であれ、どんな歴史または始まりを持つものであれ、そのイメージを変革できる。過去のブランドのイメージは消し去ったり修正したりできる。消費者の記憶のスパンは短いのだ。

弁護士がイギリス・グランプリを観戦した二〇〇四年には、マールボロはアメリカでも世界でも、最も人気のあるタバコ銘柄のひとつとしての地位を保っていた。ブランドそのものに、二〇〇億ドル以上の価値があるとされた。どの市場でも他のブランドにほぼ勝ち目はなかった。

マールボロはマーケットリーダーだったため、その親会社は、ミハエル・シューマッハ――世界一のレーシングドライバー――がいて勝利が見込めるチーム、フェラーリのスポンサーになるために、数千万ドルという資金を使うことができた。シューマッハの特技はライバルをリアビューに置き去りにすることだった。

弁護士の会社は、フェラーリを破るためにグランプリに参入したわけではない。ピットクルーと観衆の問に、テレビカメラのオペレーターがちりばめられ、彼らがとらえる映像を放送アナウンサーが言葉で説明する。現代版の剣闘士たちの戦いのストーリーテラーたちだ。

同時に、マールボロは主流商品に、テレビは主流のメディアになっていた。そのため、タバコ会社がここシルバーストンにやってくる理由はただひとつ、空気力学を駆使したマシンとドライバーが世界中のテレビ画面に映り、数千万人がそれを見るからだった。

フィリップモリスがかつてマールボロ・マンをつくり上げたようなやり方で、クリエイティブにブランド構築をする機会はもう存在しなかった。欧米諸国のほとんどで、タバコ製品のテレビ広告は違法になり、弁護士の会社が自社ブランドを――国内外の観衆に向けて――テレビで見せるには、このようなイベントに資金を投入するしかなくなった。

F1主催者はこの状況をじつによく理解していて、タバコ会社とのスポンサー契約では法外な料金を提示して利益を上げていた。弁護士の見たところ、それは投資に見合う利益が得られるような契約ではなく、非タバコ会社が支払ってきた、あるいは支払うことのできた契約料より、はるかに高い。

ほとんどどんな種類の消費者製品でも(食器用洗剤でもコーラでも)、タバコ以外を扱う会社は、どのテレビ番組でも数千ドルでCM枠を買い取ることができる。それに対してF1チームのスポンサーになるには、数百万ドルかかる。これほどの大金を使って自社ブランドをレーシングカーで宣伝することで、タバコ会社は何を得られるのだろうか？

Ｆ１は国際スポーツなので、世界中に視聴者がいる。スポーツイベントではあるが、正確には運動競技というわけではない。たとえば、ＦＩＦＡが主催するサッカーの大会では、タバコ会社は絶対に広告を出せない。たとえ合法であったとしても、ＦＩＦＡはそれを認めたことがない。サッカー選手と喫煙は単純になじまないのである。

会社に残された選択肢は高所得者向けのヨットレースなどのイベントだった。ＮＡＳＣＡＲ〔訳註／ナスカー、全米自動車競争協会のレース〕はタバコの広告にはぴったりだが、アメリカ市場に限定される。ボウリングやダーツも「非スポーツのスポーツ」に分類される。あとは、スヌーカー（ビリヤードの一形態）、そしてゴルフがある。

これらの選択肢はどれも、Ｆ１の魅力には及びもつかない。

Ｆ１には、ジッパーつきのレーシングスーツを着た魅力的な女性、ばかげたほど高速なマシンにくくりつけられた、魅力的な男性たちが登場する。

さらによいのは、目に見えるすべてのものをブランドで飾り立てられることだ。ドライバー、レーシングスーツ、グローブ、バイザー、気取って歩くレースクイーンたちが着るＴシャツ、そして何よりも、走り抜けるたびに耳をつんざくような轟音を上げる、高性能で流線形の光り輝くレーシングカーの車体がある。

スタンドにいる数千人の観客、テレビで観ている数百万の視聴者の前で、ブランドは文字どおり円を描いて走っている。

レース当日、弁護士は自分の周りがブランドだらけになっているのを目にした。スペースがあるところならどこにでも、会社はブランドを挿入した。弁護士から見てとくに重要だったのは、そうしながらも法律をしっかり守っていることだった。テレビにブランドが映り込む。テレビはまだ、消費者行動に最も影響を与えるメディアとみなされていた。人々はテレビで特定のブランドを目にして、それを買う。自分がどれだけスマートか、あるいはそう思っているかは関係ない。テレビ画面に製品が映ると、それを信頼するようになり、それにお金を払おうとするのだ。

この大掛かりなスポンサー契約には奇妙な側面がある。そのブランド露出の効果を測るすべがなかったことだ。弁護士の会社はイギリスとアイルランドでは最大手のブランドだが、F1への支出が売上にどれほどの効果をもたらしたかは、まったくわからなかった。

「私が広告に費やしたカネの半分は、無駄になる。わからないのは、どっちの半分が無駄なのかだ」。二〇世紀初めのマーケティングの先駆者であるジョン・ワナメイカーは、そう述べた。彼の一〇〇年前の告白は、この場合にもまだ当てはまる。

たとえそうでも、弁護士の会社はテレビで宣伝する最後の望みとして、グランプリレースにしがみついていた。しかし、弁護士はレースへのはじめてのアテンドで、これらの努力の上にはギロチンがぶら下がっているとわかった。社のマーケティング部は、塹壕(ざんごう)を掘り進めながらも、迫りくるEU指令に恐怖を感じながら生活していた。

消費者製品の広告とマーケティングは、タバコ産業とともに進化した。弁護士の考えでは、マーケティングは製品のイメージやターゲットとなるオーディエンスを操作すればいいというものではなかった。もっと深く、顧客と意味あるコミュニケーションをし、彼らがどんな人たちで、特定の製品にどう関係しているのかを理解しなければならない。

おそらく、最も洗練されたレベルでは、マーケティングの目的は消費者と彼らが選んだブランドとの間の対話を創出することだ。タバコ会社はこの分野の先駆者で、他の消費者製品のメーカーは、タバコ会社のマーケティング戦略に注目して、そのアイデアを模倣するか盗用した。喫煙の黄金時代には、タバコ会社ほどブランドの売り込みがうまいところはなかった。

二〇〇四年に、彼の会社がイギリス国内で製品をマーケティングする方法は、タバコ産業と政府の間で合意された自己規制に基づくものとなった。したがって、テレビ広告は違法になったので問題外だったが、自発的合意によって、タバコ業界はそれ以外の特定の種類の宣伝もできなくなった。

タバコ業界が自発的にしないと決めたことの例を少しだけ挙げよう。

企業が製作する広告は、喫煙が人生のいかなる種類の成功とも結びつくことを示唆してはならない。性的能力や運動面での成功も含むが、それだけに限定されない。これは、タバコの広告には何かの仕事で成功している魅力的な男女を使えないということだ。ナイキがこのルールに従わなければならなかったとしたら、どうなるだろう?

これは当然の配慮と言えるだろうが、タバコ広告は子どもをターゲットにしてはならない。したがって、広告をどこに配置するかについても制限がある。学校から一〇〇メートル以内に屋外看板を立ててはいけない。子どもがよく行く店舗の目の高さに広告を置いてはいけない。販促素材の種類は、子どもたちが喜ぶようなものであってはならない。

自発的合意は、タバコ業界がある程度の自由裁量で、大人向けに製品を広告し続けるためのひとつの方法だった。弁護士が教えられたように、この合意に従わなければさらなる規制につながるかもしれず、業界としては、何としてでもそれは避けたかった。大手タバコ会社が自発的合意に参加した理由がそれだ。EU指令のような、さらなる法律と規制を避けるためである。

業界が本当に宣伝を望み、マーケティングがかなりの働きができたのは、販売場所だった。そのため、ドライブチームの重要性が否応なしに増した。弁護士も、彼らの価値をよりはっきりと理解するようになった。バーの自動販売機でブランドに光を当てるのも、コンビニエンスストアで目立つ場所に自社ブランドを置くことも、他の場所での規制が厳しくなるとともに重要になっていった。

サンプル配布もまだ行なわれていた。つまり、喫煙者に吸うタバコの銘柄を変えてもらう戦略として、担当者が街に出て、クラブやバーで製品の無料サンプルを配布するのだ。もちろん、担当するチームは、自分たちが間違いなく法に従っていることを確認しなければならない。したがって、当然ながら、子どもやティーンエイジャーにサンプルのタバコを手渡したりしてはならない。十八歳以上の客を対象にした施設では、入場にIDの提示が求められることもよくあった。

これら担当チームは、時にはタバコの箱の交換をした。相手に喫煙者かどうかをたずね、もしそうなら、その人の持っているタバコと、自社ブランドの未開封のタバコの箱の交換を申し出る。ドライブチームのベンが使うプレイブックからそのまま取り出したような戦略だ。外に出て顧客と面と向かって交渉している間に、連絡先をたずねてはどうか？

ダイレクトメールは一時期、黄金のコミュニケーションツールだった。成人の喫煙者にIDを提示してもらい、自発的に住所を教えてもらい、書類の「郵便で連絡してもかまわない」というボックスにチェックを入れてもらう。どのタバコ会社もこれをして、効果も大きかった。

それでも、このマーケティング部によるきめ細かい活動のさなかに、彼らはEU指令がタバコ会社のマーケティング努力を麻痺させるために特別に意図されたものなのだと痛感した。彼らのキャンペーンのすべてが近いうちにできなくなるかもしれなかった。EU指令は発せられたが、イギリスではまだ導入されていなかった。しかし、ギロチンの刃が上に引き上げられ、落とす準備がなされていた。

弁護士が入社して、力強いマーケティングや広告戦略について学んでいたころからすでに、彼は近い将来のどこかの時点で、これらの努力はすべて、消費者文化史博物館行きが運命づけられた、広告の歴史の一部になるのだろうと気づいていた。


実際にそうなるまでには数年かかったが、二〇〇五年にEU指令はイギリスにも導入された。そして、それは会社が想定していたよりずっと厳しいものだった。

約束どおり、この指令により、タバコ会社のほとんどの種類の広告が禁止された。しかし、イギリス政府はこの機に乗じて、EU指令の精神をさらに推し進め、あらゆる形式のタバコ広告を例外なく禁止することにした。

数十年をかけて築いた直接・間接の顧客とのコミュニケーションが、一夜にして断ち切られた。残ったのは沈黙だけだ。

どの基準からしても最先端だった象徴的な広告キャンペーンは、単純に放り捨てられた。マーケティング、コミュニケーション、広告分野のイノベーターだったタバコ会社は、突然、顧客に手を伸ばすことができなくなった。

弁護士の会社では――イギリス中のどのタバコ会社も同じだろうと彼は思った――、マーケティングスタッフに解雇通知が手渡された。カーテンが降り、部署の大部分が単純に閉鎖された。同じことが大手タバコ会社を顧客に持つ広告代理店でも起こっていた。この状況は本当に、他の消費者製品では起こりえないことだった。

そして、リチャード・ドールとオースティン・ブラッドフォード・ヒルが画期的な研究結果を発表してからおよそ五〇年後、反タバコ運動の波はついに、猛然とイギリスに襲い掛かった。ドールはこれを見て、間違いなく喜んだだろう。二〇〇五年、彼はそのわずか数か月後に死亡した。結局、反タバコ運動が大西洋のこちら側で大手タバコ会社のマーケティングの力に対して大勝利を得るまで、半世紀しかかからなかった。

会社に残されたのは、西ヨーロッパとアメリカ以外の世界の地域と、ほんの短期間ながら、新しい法律の適用外にあり、特異な国際的取り決めに守られた、グランプリのサーキットだった。ありがたいことに、弁護士の会社はテレビ放映されるこのカーレースに、まだ資金を投入することができた。そして、F1はその金を喜んで受け取った。


シャンパンランチまで話を戻そう。

VIPの招待客たちは、壮大なショーのただなかの、観客席の真下にある警備されたエリアに集められた。レーシングカーがものすごい音を出しながらコースを周回し、テーブル上の食器とグラスが振動で揺れるなか、ブラックタイのウエイターたちが彼らに給仕する。

ランチが終わると、ＶＩＰたちは特別観覧席の予約席へと案内される。少数の幸運な顧客は、ドライバーとクルーが集まっているレーシングピットとガレージまで下りていって見学できる。この経験はクリスマスに――毎年のクリスマスに繰り返し――孫たちに話して聞かせる、とっておきの話になっただろう。

フェラーリが優勝したあと、ＶＩＰたちは本格的なイギリス式の、スコーン、濃厚なクリーム、紅茶を振る舞われる。目的は、全員が同時にヘリコプターに乗ろうとしないように、退場のプロセスをゆっくりさせることだ。

それから一時間半をかけて、ヘリコプターが何度か往復した。着いた先には、ＶＩＰそれぞれのリムジンの運転手が待っている。彼らは納屋の外で一日中、芝が育つのを見て過ごしていた。まだそれほど遅い時間ではない。誰もが楽しいひとときを過ごし、午後五時には夕食のために家に帰っていた。

弁護士は運よく、それから数年の間に、ベルギー、フランス、ドイツ、イタリア、モナコ、サンマリノ、スペイン、アメリカ、そしてカナダでのＦ１レースにアテンドすることができた。

二〇〇六年、タバコ会社を標的にしたもうひとつのＥＵ指令が導入された。今度は、タバコ産業は法律によって、Ｆ１レースのスポンサーになることを禁じられた。高速レーシングカーと大手タバコ会社は、ひととき完璧なマーケティングの関係性を築いたが、それも終わった。

これらのＥＵ指令が導入されたことで、タバコ会社の株価は暴落してもよいはずだったが、逆に上がり続けた。それはなぜだったのか？

カザフスタンで勝つ

二〇〇四年ごろのある日、弁護士はロンドン本社で、メアリーから中央アジアのファイルを手渡された。キルギスタン、ウズベキスタン、トルクメニスタン、アルメニア、モンゴル、そしてカザフスタンにまたがる地域だ。メアリーはまだキャリアの階段を上っている途中の弁護士に、今度はトルコの東、ロシアの南、中国の西、インドの北に位置する広大な地域を担当してもらう、と告げた。

そこには成長著しい市場が存在した。つまり、公衆衛生局医務長官の報告書がきっかけで勢いづいた反タバコ運動にもかかわらず、この地域ではもっと大勢の人がもっと多くのタバコを吸っていた。

ファイルのなかで最大の成長を示し、大金が動いているのは、カザフスタンだった。その急成長に大きく貢献したのは、九・一一テロとそれに引き続くアメリカのイラク侵攻後に東ヨーロッパを席捲(せっけん)した反米運動の波のなかで、イギリスの大衆文化をうまく利用したマーケティング部の戦略だった。特定のブランドを強力に宣伝する、そのひと言に尽きる戦略には、大きな効果があった。

会社は弁護士に、最初のカザフスタン出張に向けて準備をさせた。

この旅は、北アイルランド工場に視察に行くのとも、スペインへ行くのとも、西ヨーロッパのどこへ行くのとも違っていた。今回の旅のために、彼は予防注射を打ち、指示書きとコデインなどの薬が入った救急セットを手渡され、「コントロールリスク」という会社から、安全に関するレクチャーを受けた。

コントロールリスクは現地で何かあったときに連絡すべき人たちの電話番号のリストを送ってきた。現地の警備会社のために働いているフィクサーたちだ。さらには、ホテルの部屋の鍵——大きな締め具(クランプ)——も与えられ、その使い方を教わった。要するに、ホテルの警備は信頼できないということだ。これは心強い。

この旅について彼が緊張感を持ったのには、別の理由もあった。妻が妊娠中だったのだ。彼女が友人たちにこの興奮するニュースを告げるときの決まり文句はこうだった。「この結果への彼の貢献はほんの短い時間だったわ」。まだ彼女が笑わせてくれることに感謝したい。

冗談はさておき、彼はこのタイミングで妻を残していくのが不安でたまらなかった。強力な生物学的本能に抗って遠くの国に出張し、家に残る妻にまだ生まれる前の子を守り育てる仕事を任せなければならない。

少なくとも、好きなときに妻と連絡をとることはできそうだった。出張先の地域で使える携帯電話を支給された。これはまだiPhoneが登場する以前のことで、会社から渡されたスーパーフォンは煉瓦(れんが)ほどの大きさだった。そしてもちろん、彼は外国出張のときの定番衣装である「デルモンテ・スーツ」も荷物に入れた。

カザフスタンへはメアリーも同行した。彼女はまだ弁護士の上司で、何かあったときには守ってくれるのではないかと期待できた。しかし実際のところ、彼女もカザフスタンへ行くのははじめてだった。ふたりはロンドンのヒースロー空港からブリティッシュ・エアウェイズの飛行機に乗ったが、ビジネスクラスの乗客は彼らだけだ。座席は古いクレードル式だった。ニューヨーク行きの便はもう新型のフラット式に変わっていたので、時代をさかのぼるような気分だった。

彼らの乗った便は、燃料補給のため、シベリアの端にあるエカテリンブルクに着陸した。乗客は機内にとどまるように言われたが、彼はビジネスクラスの客だったので、特別待遇を受け、飛行機の扉のところに立ち、タバコを吸うことを認められた。ああ、ありがたい。妻が無事に妊娠したので、またタバコを吸えるようになっていた。

携帯電話を取り出してみたが、電波の信号はまったくない。

あたりを見回すと、山が連なっていた。ウラル山脈だ。地面には雪が積もっている。なんとも美しい光景で、彼は飛行機からなじみのない新しい土地を眺めながら、タバコを吸うひとときを十分に味わった。

目に焼きついたのは、空港に駐機してある古いソ連時代の車と飛行機だ。これまで見たことのないデザインだった。冷戦時代の機械だ。スパイ映画から抜け出してきたような、六〇年前の不格好で大型のマシン。何もかもが凶暴に見える。飛行機は通常のサイズより大きく、エンジンも翼もおかしな場所についている金属の怪獣だ。彼には宇宙人のテクノロジーのように見えた。

タバコを吸っている間に、飛行機に給油している係員もタバコを吸っているのに気がついた。あいつ、いったいどこにいると思っているんだ？

突然、携帯電話の電波が戻ったので、ボイスメッセージを確認した。ひとつはアメリカのタバコ会社の社長からだった。彼はその場で、飛行機からウラル山脈を眺めながら、電話を折り返した。

「今、どちらですか?」社長はたずねた。

「シベリアのどこかだと思います」

「いったい誰を怒らせたんですか?」社長はそう言って笑った。

機内に戻ると、彼は企業の安全な保護バブルに包まれた。メアリーは一列全部を独り占めし、足を伸ばして眠っている。飛行機が目的地であるアルマトゥイに向けて離陸しても、目を覚まさなかった。


現地時間の午前四時ごろにアルマトゥイに着陸。あたりはまだ暗い。

これも彼にとってははじめての経験で、これほど早い時間に出張先に到着したことは、これまでなかった。通常の社会活動の時間帯を完全に外れている。飛行機が停止すると、タラップが下ろされ、彼らは駐機場に降り立った。近くにルフトハンザの飛行機があった。暗闇のなかでも、なじみのある航空会社の飛行機が見えると安心する。

乗客の大部分はバスに乗り込んだが、彼らの前には別のミニバンがやってきた。弁護士とメアリーの名前が書いてあるボードを持った男性が降りてきた。ミニバンは彼らを通常とは別の保安検査場へと運び、そこの係員は手を振るだけで彼らを通過させた。カザフスタン入国にはビザが必要で、会社が用意してくれていた。

車がＶＩＰ用の到着ターミナルへと彼らを運んだ。そこには、カザフ支社の法務部の責任者であるベックが、こんな早朝だというのに迎えに来ていた。本社の人間がやってくるのは大ごとだったのだ。ベックのスーツはアイロンをかけたばかりのように見え、運転するのはフォードの新車のセダンだった。彼にとってはポルシェを持つのと同じようなものだっただろう。しかし、そこにいたのは彼ひとりではなかった。

ベックは自分のフォードでふたりをホテルまで送りたがったが、もうひとり別の男性もそこに来ていた。彼は防弾ガラスの入ったSUVを運転していた。ふたりはカザフ語で短い言葉を交わした。装甲車の男は、自分が弁護士ふたりを乗せていくと言って譲らなかった。会社の規定だから、と。結局、弁護士とメアリーは防弾SUVに乗り込んだ。

安全な装甲車でアルマトゥイの町を走る間も、外はまだ暗かった。ホテルではフロント係が彼らを待っていた。もちろん、宿泊料金はもう支払い済みだ。ホテルは欧米のチェーンで、四つ星を誇っていたが、飛行機のクレードル式の座席のように、一九八〇年代からまったく改修されていないかのように見えた。

チェックインを済ませると、すぐ後ろをピカピカのフォードで追ってきたベックが、ベッドでゆっくり休むように言ってくれた。午前一〇時に迎えに来るとも言った。それで、弁護士はひとまず眠ることにした。それから目を覚まして、冷たい、茶色っぽい水のシャワーを浴びた。テレビをつけたが、英語のチャンネルはひとつもなかった。

彼は部屋のなかを見回した。カーペットにも椅子にも、タバコの火で焼け焦げた跡が残っている。デラックスルームだというのに。タオルは擦り切れている。ミニバーには笑顔の少年のラベルがついたオレンジソーダ。知っているブランドはひとつもなかった。

彼とメアリーは午前九時四〇分ごろに、朝食をとりに階下へ降りていった。ビュッフェ式の朝食は、質に関しては、ラスベガスの安ホテルを思い出させた。クロワッサンがあったが、砂糖のシロップで覆われていた。弁護士が知らないブランドのぬるいソーダがまたあった。彼は無難にブラックコーヒーだけにした。

出発前から食べ物を持参するようにアドバイスされ、それに従っていた。ピーナッツバターがはさんであるクラッカーをひと箱。六枚ずつ個包装されている。つまり、それがこのホテルに滞在中にほぼずっと彼が食べていたものだ。これを持ってきて本当によかったと思った。

装甲SUVに再び乗り込んだとき、運転手はホテルでずっと待機していたのだと気づいた。そこに座って、ふたりが眠っている間中、ずっと待っていたのだ。

工場は車で三〇分ほど走ったところにあった。

何列にも連なるソ連式の住宅を通りすぎた。陰鬱だが、交通渋滞はない。道路は空いていて、かなりのスピードで走ることができた。大勢の人が道路脇に立ってヒッチハイクを試みていた。カザフでは、人々が相乗りしてガソリン代を折半するのはまったく普通のことだった。どの車も公共交通機関になる。旧ソ連帝国方式だ。これは、ウーバーが登場するずっと前からある、東ヨーロッパ版のウーバーだった。

弁護士が路上の死んだ犬を指さしたが、メアリーは見つけられなかった。また死んだ犬がいたので指さすと、今度はメアリーにも見えた。ゴールデンレトリバーだった。大型犬が道路脇に、ただあおむけに横たわっていた。

次に彼が目にしたのは――人間の体だ。彼には死んでいるように見えた。体の半分は歩道に、半分は排水路に突っ込んでいた。生きているのか死んでいるのかを判断するのは難しかったが、動いているようには見えなかった。

「止まったほうがいいのかな？」彼は運転手にたずねた。

「止まることはできません」運転手は答えた。

しかし実際には、彼らは止まった。二度も。警察官が車を止め、通行料として一度に五ドルから一〇ドルを要求した。運転手は言われたとおりに支払い、口論はなかった。


車が工場に着くと門が開き、カザフスタンのど真ん中にある近代的な工場施設のなかを移動した。新しい道路、旗竿（はたざお）、新しい建物。宇宙ステーション的な雰囲気も少しある。目に入るところには驚くほど人が少なく、不安になるほどだった。

ベックは彼らをまっすぐ重役室に案内し、そこでまたコーヒーを飲み、英語を話す駐在社員たちと話をした。彼らはたくましい企業放浪者だ。ビジネスを立ち上げるためにここにいて、西洋世界の境界線をほんの少し越えた、産業の育っていない環境で、タバコ帝国の必要に応えていた。

彼らは本社からやってきた管理職を歓迎していなかった。その顔は、「ここは本社の法務部とは違う」と言いたげだった。弁護士の会社では、これらの男たちは企業の船に乗った最も頑強な海賊たちだ。

それから工場見学が始まった。どこにでもあるような工場だが、率直に言って、北アイルランド工場よりもはるかに近代的で、最新の技術を取り入れているように見えた。そして、アルマトゥイでは、製造スピードが需要に追いついていなかった。機械は二四時間稼働を続け、ペースを落とすことも休業することもない。

ビジネスは順調で、工場は拡大していた。ここで製造されるタバコはこの地域全体に供給されている。これら旧ソ連の成長市場——「スタン」がつく国々——がいまや、欧米の投資を受け入れ、さらにモンゴル、アルメニア、そして中国へもその流れは向かっている。

カザフスタンに工場を建設するのは、簡単ではなかった。イギリスで建設するより三倍はコストがかかる。資材はすべて輸入しなければならない。もし誰かが目隠しをされてここに連れてこられ、工場内を案内されたとしたら、自分がカザフスタンにいるとは思いもしないだろう。電源プラグでさえイギリス製だ。

この工場の目的は、イギリス製のブランドと変わらないタバコを安く生産することだった。輸入するよりここで製造するほうが安くなる。地元の人たちは外国製品に憧れがあった。コカ・コーラを飲み、オレオのクッキーを食べる。そして、イギリスのタバコを好んで吸った。

おそらくカザフ人のほとんどが気づいていなかっただろうことは、これらの製品——コーラ、クッキー、タバコ——が、アメリカやイギリスで製造されたものではないということだ。これらはライセンス合意に基づき、カザフスタン国内で、カザフ人の手によって作られている。あなたが買うブランドは、製品が製造される土地とはほとんど関係がないことが多い。「世界的規模での消費者の幻想」とでも名づけよう。

弁護士は自分の仕事をした。ノートパソコンを開き、プロジェクターを使って新しい観衆をもてなした。その最初の日、彼は時差ぼけでかすんだ目のまま、法的問題に関するプレゼンテーションを行なった。

テーマは、世界的なマーケティング基準、規制の重要性、そして企業方針に従うことだった。誰も反論しなかったが、部屋のなかにひとり、プレゼンテーションの間中ずっと、弁護士のことを企業の操り人形であるかのように見ている男がいた。「くそやろう、とっとと帰れ」。その男の顔はそう言っていた。

出席した重役たちは本当の意味での海外駐在員だった。企業重役としての快適な環境を遠く離れ、会社の金庫を潤すために、さらには自分の懐も潤すために――実際のところ、かなりの額を稼げる――そこで暮らしている。

弁護士は若く、見かけも若かった。そして、ベビーシッター役のメアリーも同じ部屋にいた。その部屋にいる女性は彼女ひとりだ。弁護士はここにいる出席者全員が男性だということに気づいていた。ここまで乗ってきた装甲ＳＵＶの窓ガラスと同じように、カザフスタンのガラスの天井もまた、防弾ガラスでできているようだった。

この白髪交じりの重役たちにとって、ふたりの訪問者は、彼らにこの東の荒野でも守るべきルールはあると思い出させるために本社から送られたドローンにすぎなかった。ルールを破ることを金儲け手段にしてはならない、カザフの顧客を他の国際的タバコブランドから奪うことによって成し遂げるのだと確認させるために。

これらの企業海賊たちが大得意とするのが、まさにそれだ。彼らはこの国のビジネスを盗んでいる。はっきり言って、彼らの努力によって、誰もがより質のよいタバコを吸っている。彼らは欧米の企業を含むライバル企業からビジネスを奪っている。とくに注目すべきことに、王者マールボロのメーカーであるフィリップモリスからビジネスを盗んでいた。

弁護士はすでにプレゼンテーションの経験は十分に積んできたので、強い言葉で説得しようとするアプローチではここにいる重役たちには効果がないとわかり、言葉を和らげた。プレゼンテーションの骨子は、ヨーロッパでの切迫したタバコ規制の状況を説明し、それがカザフ市場にとって何を意味するかを知ってもらうことだった。

この地域でも状況は急速に変化していた。やがて新しい規制が導入されるだろう。彼の話した内容を簡単にまとめるとこうなる。ルールが定められたので、会社はそれに従わなければならない。もし従わなければ、深刻なトラブルに巻き込まれる。会社はトラブルを望んではいない。望むのは大金を稼ぐことだ。

基本的には、彼は重役たちに会社が最近になって敗れた戦い――いくつかの大きな戦い――と、会社が勝利したもっと少ない、もう少し小さな戦いについて話していた。しかし、どちらにしても、タバコ規制は西から東に移動している。それは否定できないパターンだった。

それでも、よいニュースはある。

カザフスタンのGDPは、一人当たりGDPに関しては上昇している。ここは変わりつつある国だ。まだ共産主義の失墜とソ連帝国からの分離の痛みを感じてはいる。なにしろ、ソ連の崩壊は一九九一年に起こったばかりの出来事だ。しかし、この国は西ヨーロッパの国すべてを合わせたよりも、面積が広い。彼ら海外駐在員の努力のおかげで、会社はこの新しい成長市場で巨大なシェアを獲得した。

重役たちはまだ興味を示さなかったが、弁護士は論点を失わないように、そして熱意が伝わるように最善を尽くした。

プレゼンテーションが終わると、彼らはほぼ平常どおりの一日に戻り、工場の社員食堂で昼食を食べた。提供される食べ物は謎めいた肉だった。弁護士は代わりに持参したピーナッツバターサンドのクラッカーを食べ、その日は輸入品の水のボトルを六本飲んで過ごした。あとはたくさんのタバコを吸った。

その日の仕事終わりの夕方、彼とメアリーはホテルまで送ってもらい、二、三時間の休息時間を持てた。それから、重役のふたりが迎えに来て、車で中華料理のレストランに夕食を食べに行った。その店には英語のメニューもあった。弁護士はこの観光客用メニューには値段が書いていないことに気がついた。

重役たちは仕事の話はせず、国外での暮らしについて語った。

彼らは自分たちがどれほどのお金を稼いでいるかについては、話したがらなかった。しかし、家族にどんな影響があるかについては話した。たとえば、彼らはひとりで車を運転して出かけることはできず、妻たちはいっさい運転をしてはならないとされている。基本的に、彼らは毎日を駐在員向けの居住エリアで過ごしていた。宇宙ステーション的なライフスタイルだ。ふたりはどちらもカナダ人だとわかった。だから当然、アイスホッケーの話題も少し出た。

彼らが大金を稼いでいることは間違いなさそうだ。重役手当のほかにボーナスもある。しかし、ここでの生活は楽ではないだろう。彼らは取り残されたように感じ、弁護士の目には、疲れて、どことなく不健康そうに見えた。食べ物の注文が終わり、頼んだものが運ばれてきたのを見て、弁護士は驚いた。すばらしい料理だったのだ。彼は中華料理をたらふく食べた。食事代は重役たちが支払ったが、弁護士は請求金額を盗み見ることができた。おそらく彼がこれまでに食べたなかで最も高価な中華料理だっただろう。

車でホテルまで送ってもらうと、メアリーとふたりでバーに入ってお酒を少し楽しむことにした。ふたりとも完全な時差ぼけだった。

そのバーは興味深かった。女性が大勢いたが、ビジネス目的で来ているように見える女性はメアリーだけだ。それがわかるまでに数分かかったが、バーにいた他の女性たちの多くは売春婦のようだった。男性客のほとんどは欧米人で、大部分がタバコを吸っていた。「俺たちは石油の採掘現場で働いている」といった見かけの男たちだ。

彼らはスーツを着た重役ではなかった。もっと荒っぽく、酔っぱらっていて、多くが女性たちと値段の交渉をしていた。弁護士がメアリーと座っていると、娼婦たちが近づいてきて、紙切れに自分の料金を書いて手渡した。

女性たちは――まだ少女のように見える子も何人かいた――店にいる欧米人の男性客たちが、自由に使える金をどれくらい持っているかをよくわかっていないようだった。弁護士が見たところ、彼らはかなり安い料金を提示していた。彼とメアリーは、交渉途中の料金を聞き取ることができた。誰も、何か別のことをしているふりなどせず、声を低めもしなかった。メアリーは嫌悪感を持ったようだ。交わされている会話のいくつかは具体的な詳細に入り、提供する性行為の交渉に移っていった。

「アナルでやりたい」

「オーケー、いいわ。二〇ドルよ」

そんな感じだ。

弁護士はメアリーを見て、いたずらっぽく片眉を上げた。

「二〇ドルなら僕もやるかもしれないな」。場を和らげようと、そう冗談を言った。

メアリーはそれを面白いとは思わなかった。彼女を責めることはできない。確かにまったく面白くない冗談だ。場がすっかり白けてしまった。

バーは中庭に取り囲まれていて、屋内の噴水とエレベーターホールがある。エレベーターはガラス張りだった。彼とメアリーは酒をすすりながら、何組かの男と少女が一緒にエレベーターまで歩いていくのを見送った。彼らはガラスの箱のなかに入って上昇すると、視界から消えていった。言ってみれば、自分たちは売春宿に滞在しているのだ、と弁護士は思った。

ありがたいことに部屋の壁は厚く、隣室の物音が聞こえてくることはなかった。彼の部屋のバルコニーのドアはうまく鍵がかからず、指示されたとおりに、ドアにクランプを差し込んだ。しかし、部屋が上階にあり、ドアにクランプを差しても、ここでは安全だと思えなかった。実際のところ、このカザフスタンへの旅の間ずっと、一度も安全だとは思わなかった。

朝になって目覚めると、彼は家から遠く離れていることを実感した。彼は何不自由ない生活を送り、贅沢な土地で長い時間を過ごしてきた。高級レストラン、ビーチ、クラブ、ギャラリー、ホテルに慣れていた。グランプリレース、モナコでのヨット、西ヨーロッパの最善の部分だ。

弁護士とメアリーが再び工場へ向かう準備を整えると、SUVの運転手がその日もホテル前で待機していた。実際、ふたりの滞在中、運転手はいつもそこにいて、彼らを見守っていた。そして、どういうわけか、着替えをしてひげを剃ることもできていた。これはひとつの国際的なミステリーだ。

弁護士はなぜ重役たちがプレゼンテーションに興味があるふりさえしないのかを、完全に理解した。興味を持つ必要がないのだ。彼らはこの地でのタバコ戦争に勝利し、それをわかっていた。

ここにいる重役たちは、社内の伝説ともなっていた巧みなマーケティング戦略を実践した魔術師だった。ブランディングとプロモーションのクーデターを起こし、その一方で会社の最も出来の悪いブランドを利用して、ほんの数か月の間にカザフのタバコ市場を乗っ取った。

「ソヴリン」は一八〇〇年代に生まれたタバコで、イギリスではブランドとしてほぼ消滅していた。祖母たちがこのタバコを吸い、男性のチェーンスモーカーたちもこのタバコを吸った。六十歳未満でこのブランドを求める人は、イギリスにはもういない。ロンドンでは、「クール」という形容詞とは正反対のブランドで、おそらく「クール」だったことは一度もないだろう。

ところがカザフスタンでは、ソヴリンはイギリスの粋なタバコの代表で、売上第一位のブランドだった。

重役たちはどうやってその魔法の技を成功させたのだろう？

すべての始まりは、ロンドンのルートマスターという路線バスだった。

あの大きな赤い二階建てバスを覚えているだろうか？　ロンドン市長のケン・リヴィングストンによって廃止されたおんぼろバスだ。そう、ロンドンはそのバスの何台かを、観光客向けに運行し続けたが、基本的にはバスは非常に安い値段で売り払われていた。誰がそんなおんぼろバスを欲しがるだろう？

弁護士のタバコ会社はそこに機会を見いだした。このバスを使ってイギリス文化を輸出するのだ。タバコを売るために。そこで、バスをまとめて買い上げ、現地に送った。しかし、弁護士は、男たちの一団がこれらのばかみたいなバスをカザフスタンまで自ら運転して運んだところを想像して楽しんだ。それはどれほどのロードトリップになっただろう。旧ソ連の東ヨーロッパの風景のなかを、アルマトゥイまでばかでかい赤いバスが進んでいくところを想像してみてほしい。六〇〇〇キロを超える旅だ。

アルマトゥイに二階建てバスが到着すると、重役たちはそれらにソヴリンのブランディングを施し、車輪つきの巨大な広告看板に変えた。

バスはタバコの販促素材や無料サンプルを人々に配るための、動く拠点として使われた。会社はこのブランドをこの地でゼロから売り始めたが、バスの効果は絶大だった。カザフ人はこれを面白がってくれた。会社はロンドンの黒いタクシーも買い上げ、それらもカザフスタンに送った。

想像するのは難しいが、アルマトゥイに運ばれてから数か月の間、これらすべての赤いロンドンのバスと黒いタクシーが町中を走り、無料のイギリス製タバコを配っていた。

ルートマスターとタクシーは、宣伝キャンペーンの重要な要素だったが、このキャンペーンは単にブランディングを施した古いバスとタクシーを使うだけではなく、もっと洗練されたものだった。西洋世界に戻れば、販促キャンペーンがまだ観光客市場では合法で、会社は自社ブランドを宣伝するためにTシャツやビーチタオル、時には無料の酒のボトルも配布した。タバコのカートンを買ったらついてくる無料の酒は、飛びつきたくなる魅力がある。それは間違いないだろう。

しかし、ここではタバコの箱それぞれに「ドル」がついてきた。この成長市場のために会社が特別に考案した、一種のキャッシュだ。

客がタバコの箱を開くと、おまけが入っている。基本的にはモノポリーのゲームで使うお金のようなものだ。ブランドマネーである。ただし、この偽のお金には価値があった。なぜなら、喫煙者はそれを本物の商品に交換できるからだ。

もしあるカザフ人が十分な量のタバコを吸えば、ブランドマネーを貯めて、それをコーヒーメーカーや、さらに貯めれば、冷蔵庫と交換できる。

ある意味で、それは喫煙によって経済的有利を得られることを意味した。理論的には、カザフ人はタバコの購入で得た偽の金を使って買った商品によって、よりよい生活を手に入れられた。会社は人々に、彼らが望むものを与えたのだ。高級なカトラリー、寝具、小型電化製品——タバコのブランドマネーで手に入れられる重要な家財アイテムだ。

そして、交換できる品はさらに大げさになっていった。ある時期に、会社は車を提供し始めた。現実的に考えれば、誰かがその車を手に入れるには、一日に四箱のタバコを一〇〇年間吸い続けなければならない。しかし、数字には力があった。家族が集まるコミュニティがブランドマネーを共同で集める状況が生まれた。「村中みんなで」のアプローチが必要になるが、その車を手に入れれば、人生が変わる。

その観点からすれば、タバコを吸うことが、実際にはコミュニティを助けることになった。ここではすべてのものが逆さまだ。

そのブランドは人気が出て、突然、どこでも見かけるようになった。そして、ブランドマネーは単なる遊び心の偽のお金ではなくなった。ベックは弁護士に、会社のブランドマネーを使う人が多くなったあまり、ある時点で本物のカザフの通貨より価値があるとみなされるまでになった、と説明した。

弁護士はこんなビジネスモデルを目にしたことがなかった。そして、話はそれで終わりではなかった。

プレゼンテーションの翌日、ベックは彼とメアリーをアルマトゥイの市場ツアーに連れ出した。目的は、製品がどのように売られているかを見せ、弁護士がイギリス本社からベックの仕事をうまく助けられるようにするためだ。

チームは二台のSUV、黒のトヨタかホンダに乗り込んだ。灰皿のそばのドアのパネルにはタバコの焼け焦げがいくつもあった。しかし、その車は通りを走るどの車よりも、ずっとましだった。彼はベックとメアリーと同じ車に乗り、もう一台には現地人の英語を話さない営業担当が乗った。弁護士は彼らとまったく会話を交わさなかった。

一行は丸一日かけてアルマトゥイを走り回り、食料雑貨店、ガソリンスタンド、バーやレストラン、道路脇のスタンドで止まった。

カザフスタンは多くの理由から、タバコを売る場所としては特異な土地だ。

成熟し始めた中央アジアの市場のひとつで、莫大な石油埋蔵量を誇る資源が豊かな国だ。結果として、カザフの生活の質は劇的に改善されているといわれ、中流階級も育っていた。しかし、旧ソ連の構成国としての過去は明らかだった。

道路の状態を見れば一目瞭然で、弁護士はあらゆる方向に、石に刻印されたハンマーと鎌のシンボル、レーニンやその他のソ連の英雄たちの像を目にした。彼はモスクワに行ったことがあったので、ソ連時代の都市計画――大きな公共広場、広い通り、巨大なアパート群――の途方もない規模と、粗野で残忍な側面がこの国にも目立つことを認識した。しかし、それは明らかに、威厳に満ちたクレムリンの光景とは別物だった。

ソ連の影響がもうひとつある。軍や政府の人間が、驚くほどたくさん通りや公共の場所にいることだ。彼らの多くがピザのようにも見えるひさしのついた軍帽をかぶっていた。映画『ボラット』を見たことがある人なら、それがどんな帽子かわかるだろう。海賊がかぶるような帽子だ――後ろの山(クラウン)の部分が大きすぎることを除けば。

彼が不安に感じたのは、たびたび車を停止させられることだった。警察、軍、あるいは盗賊たちがみな、正規のものに見せかけた非公式の料金所を築いている。運転手は止められるたびに、決まって一ドルから五ドルほどのお金を手渡した。その支払いは完全に日常的なもので、そうすることでもっと大きな問題を避けられる。もしこの土地で、企業の保護バブルに包まれて移動したければ、財布を開かなければならない。これはカザフ式の「ペイ・トゥ・プレイ」だ。

そして、大勢の人がタバコを吸っていた。行くところどこでも、ほとんどの時間に。タバコを他の消費財――水のボトル、チップス、コーラなど――とまったく同じ扱いで売っているのを見たのは、これまでカナリア諸島だけだったが、カザフスタンはそれをもっと大きくした市場だった。タバコは他の消費者製品とともに高く積み上げられ、安く売られている。

タバコの箱の上の健康被害の警告は、このころはまだカザフスタンでは義務化されていなかった。

しかし、だからといって、会社が製品に警告文を印刷しなかったわけではない。子どもにタバコを与えるのは完全に合法だったかもしれないが、会社はこれもしなかった。与えるのは十八歳以上でなければならなかった。「ふざけたまねはするな」。これが弁護士からベックと他の企業海賊たちへのメッセージだった。

彼の会社にとってカザフスタンが大きなビジネス機会になった理由、ここに大きな投資をする決断をした理由は、欧米企業である彼の会社にとって、ここがまったく新しい市場だったからで、規模は本当に大きかった。約二〇〇〇万人の人口を抱え、この「スタン」だけでも可処分所得が増加していたが、旧ソ連の中央アジア諸国すべてを含めれば人口は六〇〇〇万を超え、ますます増加していた。

弁護士がプレゼンテーションで力説したように、欧米のルールがここにも迫ってきていたが、まだ完全にやってきてはいなかった。ソ連の共産主義から欧米式の資本主義への移行はまだ途中段階で、アメリカの例外主義の概念はソ連体制崩壊後の懐疑主義に迎えられ、アメリカ主導のイラク戦争をめぐる状況への疑念と重なった。そのため、星条旗ではない西洋ブランドが受け入れられる気運はさらに高まった。

彼の会社は意図的に、イギリスの大衆文化を自分たちに都合のよいようにカザフの文化と融合させた。チームは彼にそう説明した。このアプローチは、アメリカが一九四〇年代のヨーロッパ、そして一九五〇年代のアジアでやり遂げたことと似ている。コカ・コーラが世界中で炭酸飲料の王者の地位を確立したのと同様、強大なマールボロも当然のようにタバコブランドのヒエラルキーでその地位に就いていた。実質的にすべての外国市場で、マールボロは本当にリーダーだったが、少なくとも弁護士が訪問したころには、この中央アジア市場ではそうではなかった。

実際、マールボロは第三位に甘んじていた。なぜなら、古いイギリスのブランドが他のブランドを蹴散らしていたからだ。

市場ツアーを通じて、会社がアルマトゥイで達成した仕事をベックが誇りに思っていることがよくわかった。彼は弁護士たちを一日で回れるかぎり多くの販売・流通場所に案内した。ほとんど熱狂的と言ってもよかった。まだ時差ボケから回復していない弁護士は、二、三の例を見るだけで十分だと思っただろう。その日彼がしたことといえば、ベックが案内する場所をすべて見て、SUVのなかでたくさんのタバコを吸うことだけだった。その一日だけで、それまで見てきた数を合わせた以上のタバコ販売店を見た。

ベックは容赦なくふたりを連れ回した。彼らはガソリンスタンド、食料品店、バーとレストラン、通りと市場を見て回り、それもアルマトゥイだけではなかった。途中で、中国との国境から一六〇キロほどのところへも行った。弁護士は、カザフスタンが中国と隣り合っていることすら知らなかった。

小売店のいくつかで、二〇本入りのタバコの箱を開けて、ばら売りしているのを何度か見かけた。ベックによれば、カザフスタンでは普通のことだという。ヨーロッパやアメリカなら軽犯罪として扱われていただろう。

おそらく最もショッキングだったのは、タバコを小さなプラスチック管に入れて、一本ずつ売っていたことだ。

弁護士は、ここでは人々が年をとって見えることに気づいた。厳しい土地で、生活は楽ではなさそうに見える。それでも、地元の人々が休暇に出かけているのは間違いなかった。休暇先の広告はあちこちで目にした。インドとトルコが人気のようで、どちらも飛行機ですぐに行ける距離だ。

また、ガソリンスタンドからコーラやポテトチップスまで、欧米の大手企業の多くがすでにこの市場に参入していることにも気がついた。たとえそうでも、観光客向けの地域との境界線がはっきりしないという点で、このような場所ははじめてだった。だから、彼は会社の保護バブルのなかで安全にとどまっていた。

市場ツアーも終わりに近づいたところで、ベックは彼らをサリー・ハウスへ連れていった。彼らの会社のマーケティングキャンペーンの中核は、サリー・ハウスの開設だった。株式仲買人や弁護士たちが多く住む（ロシアの新興実業家もいくらか住んでいた）ロンドン郊外の緑豊かな田園地帯を思わせる場所だ。もちろん、実際にはロンドンの近くにサリー・ハウスという歴史的邸宅は存在しない。これは、イギリスの上流階級の邸宅という雰囲気だけを提供する、仰々しい思いつきに基づいたものだ。

ベックがサリー・ハウスに車をつけたとき、弁護士はそこで目にしたものが信じられなかった。彼らの前には、サリーにあったかもしれないと思わせるイギリスの邸宅のレプリカがあった。違うのは、これがアルマトゥイのガソリンスタンドの隣の、ショッピングプラザの駐車場に建てられていたことだ。

建築物としては、サリー・ハウスはフィクションにすぎない不思議な建物だったかもしれないが、会社のマーケティングキャンペーンの中心に据えた本物の商品が、ここから発送されていた。かつてのシアーズのカタログと流通センターのマニュアルから抜け出してきたかのようだ。カザフの喫煙者がタバコのブランドマネーと商品の交換を望むときには、彼らはサリー・ハウスまで巡礼する。

メアリーとベックとともに、弁護士は駐車場の一画にあるこの小さなイギリス式邸宅を眺めた。そして、自分は本当に世界の反対側の見知らぬ土地にいるのだと感じた。現実とは思えない瞬間。本当にばかげている。彼はその奇妙さをじっくり味わおうとした。ベックは満足そうだった。

弁護士がそれまでの人生で知り合ったなかには、「この男は特別だ」と心から思う人たちがわずかながらいたが、ベックもそのひとりだった。

彼らがまだ知り合ったばかりで、世界の反対側で暮らしているというのに、弁護士は奇妙にも、このカザフ人の男に相通じるものを感じた。

ベックはイスラム教徒で、あごひげを生やし、弁護士より少なくとも十歳か十五歳は年上だった。つまり、四十代のどこかということだ。ロシアの統治下で育ち、カザフの遺産と伝統を誇りにしていた。

彼は馬に夢中だった。それは驚くことではない。カザフ人の多くが馬に頼って生活し、死んでいく。彼らは馬を食べるし、馬を売買する。馬は輸送手段になる。いわば日用品であり、国家の誇りのシンボルだった。

ソ連の支配時代、ベックは反体制派になった。ロシア軍への入隊を拒んだために家族と引き離され、シベリアに送られて強制労働をさせられたらしい。今は家族と再び一緒に暮らし、弁護士という立派な職業に就いて、大手タバコ会社で働いている。そして、フォードの新車に乗ってアルマトゥイを走り、堅実な収入を得ている。ある意味で、ベックは成長しつつある中流階級の代表だった。欧米企業がこの国への投資を売り込む際に、明るい将来として宣伝していることだ。

弁護士は後日、ベックの自宅に招待された。同じ会社で働く同僚が住んでいる家を見て、弁護士はショックを受けた。この男はカザフスタンの巨大なタバコ企業で働く筆頭弁護士だ。それなのにソ連式のアパートに暮らし、現地スタッフと同じ給与しかもらっていない。

自宅アパートで、ベックは弁護士にティーンエイジャーの娘を紹介した。彼女が西洋のあらゆる罠(わな)にはまり、ベックが誇りに思っている伝統から遠ざかっていることは、すぐにわかった。MTVに出てくる少女のように見え、アメリカのバンド「ニュー・キッズ・オン・ザ・ブロック」に夢中だった。反米感情はどこかに行ってしまったようで、カザフスタンの十代の少女たちにも、ニュー・キッズのアルバムの売上にも影響しなかったらしい。

ベックは明らかに弁護士のことを好ましく感じたようだった。そして、弁護士にタバコの市場だけでなく、自分の国をできるかぎり見せたいと思っていた。カザフ文化を共有したいと純粋に思っていたようだ。伝統的なカザフ料理の夕食もそのひとつだ。実際に彼らはカザフ伝統料理を一緒に楽しんだ。おかげで、弁護士は羊の頭を味わうという経験をした。

カザフスタンでの最後の夜、ベックはホテルのロビーで弁護士とメアリーと落ち合い、装甲SUVでアルマトゥイの郊外へ向かった。

三〇分ほどで、樹木に囲まれた公園のように見える場所に着いた。道路奥の開けたところに大きなテントがある。サーカスのテントによく似ているが、楽しそうな彩色はない。しかし、とても大きなテントで、なかに入ると、そこは魔法の世界のように感じられた。

テントのなかは広々としていて、いくつかの部屋に分かれている。床はないが、草の上にカーペットが敷いてある。ベックは一連のテント部屋を通り抜けて彼らを奥まで案内し、「テーブル」に着かせた。大きな丸い木製のテーブルで、地面に敷かれたカーペットの上に設置されている。

弁護士とメアリーはベックの後に従い、テーブルを囲むようにカーペットの上に座った。これは特別な機会に振る舞われる儀式的な食事なのだと、ベックは説明した。彼が手をたたくと、それが開始の合図になった。五人の若い女性が——実際には少女たちだ——突然、姿を現した。カザフの伝統舞踊の衣装を着ている。濃いワインレッドにタッセルがついた衣装だ。少女たちは彼らの周りに集まり、ほぼ円を作った。

テーブルで食事をとるのは五人で、それぞれの客にひとりずつ少女がついた。

食事はホットタオルから始まった。弁護士の給仕役の少女が彼にタオルを手渡し、すぐに立ち上がって後ろに回った。突然、彼女の手が肩に置かれるのを感じた。彼女は肩をもみ始め、それから背中に手が下りてきた。弁護士は驚いて、メアリーのほうを見た。メアリーはそのサービスを受けるのを辞退していた。

その後、大きな銀の器が運ばれてきた。氷と何本かのウォッカが入っている。

ベックはグラスにウォッカを注ぎ、これから出される食事はこの地域ならではの郷土料理だと説明した。彼は乾杯の音頭をとった。グラスにまたウォッカが注がれ、ベックが再び手をたたくと、食べ物の皿が運ばれてきた。

コースの一皿目として、それぞれの客の前に器が置かれた。弁護士は器のなかをのぞき込んだ。なんだか精液のように見える。ベックの説明によれば、弁護士が見ているのはヤクのミルクで、第二の器にはラクダのミルクが入っていると説明した。どちらも発酵させたものだ。

メアリーは微笑み、「飲んでみて」と、楽しそうに弁護士に言った。

彼は器を持ち上げ、ミルクをすすった。温かい。酸っぱいバターミルクに軟骨のかけらが入っているような感じだ。

弁護士はうなずいた。「おいしいです」。彼はベックに言った。

テーブルの客はみな器の中身を飲み干した――弁護士とメアリーを除いて。

「全部飲まないのなら、私たちがいただきます」。ベックは言った。

弁護士は喜んでベックに自分のふたつの器を手渡した。

そこからの料理のほとんどは、家族の食事スタイルで大皿に入れて運ばれ、「テーブル」の中央に置かれた。客についている少女たちが、自分が担当する客のために料理を器にとってくれる。それから次々とコース料理が続き、いつまでも終わらなかった。結局、提供されたのは一〇皿のコースだった。

弁護士が覚えている料理は次のようなものだ。

肉のスライスの皿。ベックは馬のペニスを丸ごと焼いたもので、ご馳走なのだと説明した。ありえない話に思えたが、実際にそこにある。ベックは説明を続けた。「欧米でも馬のペニスを食べていますよ。あなたたちに教えていないだけで」

弁護士は味見してみたが、メアリーは口をつけなかった。

黄色い馬の脂肪でできているように見える料理もあった。これはスパイスで風味づけした馬の脂肪で、黄色っぽい色は年をとった馬だからとかいう理由らしい。それは、ただの脂肪だった。たとえばパンチェッタを食べたとしても、そこには肉がついている。この馬の脂肪はパンと一緒に提供され、パンに塗って食べる。弁護士はこれも試してみた。

ありがたいことに、おいしいサラダはあった。キュウリと地元の野菜を使ったものだ。野菜はパリパリしておいしかった。

それから、ちょっと手を出しにくいものがあった。プレーリーオイスター、すなわち精巣だ。弁護士にはそれが馬の精巣なのか雄牛の精巣なのか、わからなかった。これは食べられなかった。このあたりが彼の限界だった。メアリーはこの皿も味わってみる気にはならなかった。

次の皿は、ファイブフィンガーと呼ばれる料理だった。米の麺にトリッパやその他の肉のかけらを載せた、カザフ特有の料理だ。問題は、洗っていない犬のようなにおいがしたことだ。まったくひどいにおいだった。吐き気を催すまではいかないが、これを食べるにはかなりの勇気がいる。

メインの料理が運ばれてくると、それは彼が今まで食べてきたなかでも最高においしい子羊のローストだった。つけ合わせはポテトのローストとインゲン豆だ。詰め物をした羊を丸ごとテーブルに運んできて、客の前で切り分けた。すばらしい味だった。イギリスで日曜日にパブのランチで食べる焼きすぎのラムとはまったく違う。客それぞれにさまざまな部位が切り分けられた。ニンニクが詰められ、なかはやわらかく、外側はパリっとしていた。インゲンにはとてもおいしいディルのソースがかかっていた。弁護士は大満足で、メアリーも同じだった。

ウォッカのおかげでメアリーは動きがゆっくりになった。ベックはほんのわずかしか飲まず、弁護士はふたりよりもかなり多くの量を飲んだ。このコース料理を食べるには、何かで流し込むしかなかったからだ。

デザートも、たしか二、三種類出されたが、そのころにはもう酔いが回って、よく覚えていない。食事中に交わした雑談のなかで、弁護士は妻が妊娠中で、あと四、五か月で子どもが生まれることを打ち明けた。

ベックの顔が輝いた。

彼は弁護士夫妻に子どもができるので、このグループで特別な儀式を行なわなければならない、と言った。生まれてくる子の健康と、弁護士一家の繁栄のために。

ベックが手をたたくと、少女のひとりがすぐにやってきた。ふたりはカザフ語で何か短い言葉を交わした。少女はわかったというそぶりで部屋を出ていった。

一五分ほどして、ふたりの少女が大きなボードを持ってきた。その上にアルミ箔をかぶせた何かが載っていて、花で回りを囲んでいる。まるで、少女のひとりが公園まで行って、摘んできたような花だった。少女たちがアルミ箔を取り除くと、花の上にゆでた羊の頭が丸ごと現れ、湯気を上げていた。

ゆでた羊の頭が丸ごと皿の上に載っているのを見たことがない方のためにお教えするが、あまり大きくはない。小さくもないが、弁護士が想像していたほどは大きくなかった。しかし、羊の頭であることははっきりわかった。

皮をはいで、ゆでてある。それが彼の目の前のボードの上にあった。

横に長いナイフが添えてある。

「特別な儀式です。決まった手順があるのでそれに従ってください」。ベックが弁護士に説明した。

弁護士はためらいつつも同意した。

「最初に耳を切り落とします」

羊の頭から湯気が上がっていた。弁護士はナイフを手に取ると、両耳を切り落とした。ベックに指示されたとおりに、耳を皿の上に載せる。

次に、鼻を切り落とすように言われ、そのとおりにした。きれいに切れた。ナイフの刃が鋭い。鼻も皿の上に置く。

ふたりで羊の口をこじ開けると、ベックは弁護士に舌を切り取るように言った。彼はそのとおりにして、舌も皿の上の耳の横に置いた。次にベックは、両目をえぐり取るように言った。弁護士がナイフを目の周りに刺すと、目がぽろりという感じで飛び出てきた。それらも皿の上に置く。

ベックが手をたたくと、少女がひとりやってきた。

彼女は小さな万力を手にしていて、それを頭蓋骨に挿入して、上部をこじ開けた。弁護士は脳をすくい出すように指示された。どろりとした脳が出てきて、彼はそのまだ熱い脳を皿の上に小さな山にして載せた。

ふたりの少女が頭の残りの部分を運び去った。

メアリーは微笑み、弁護士も同じだった。

「さあ、それでは食べましょう。あなたのお子さんに恵みと健康が与えられるよう、あなたは羊の頭から切り取った部分を食べなければなりません」

ベックは当たり前のように、大真面目な顔でそう言った。

弁護士は自分の選択肢を考えた。

「あなたたちの伝統への敬意を表して」と、彼は注意深く答えた。「それぞれを少しずつ味わってみましょう」

しかし、脳までは食べなかった。目も食べなかった。もう限界だ。そして、またウォッカの助けを借りた。

彼はメアリーが写真を撮ってくれていたことに感謝した。自分が食の冒険に取り組んだ証拠になる。


翌朝、弁護士とメアリーは帰国の飛行機に乗るために早く起き、運転手に空港まで送ってもらった。空港には出発の三時間ほど前に着いた。

通常、彼が国際便で旅をするときには、ビジネスクラスのチェックインに向かう。しかし、この空港ではそれができなかった。チェックインカウンターに行くより先に、出国検査を受けなければならない。

弁護士は自分の書類、パスポート、搭乗券を見せた。彼の書類を見ながら、検査官が何をしているかはわからなかった。時間をかけて、書類を黙って見つめている。彼が何か悪いことをしたかのようだ。そして、ぼんやりした表情で彼のほうを見た。

VIP待遇は存在しない。

その後、彼らはブリティッシュ・エアウェイズのカウンターでチェックインした。それから、出国のためにまた別の検査場で書類を見せなければならなかった。再び、誰かが彼のパスポートを何も言わずに二分か三分にらみ続けた。出発ゲートエリアに入ると、売店も何もなく、タバコの煙が立ち込める航空会社のラウンジがあるだけだった。煙は喫煙者の彼でさえ、勘弁してくれ、と言いたくなるほどだ。彼らはラウンジのなかに入り、一瞬あたりを見回して、再びそこを出た。結局、出発までゲートの外で座って待っていた。彼はホテルのミニバーから持ってきたスニッカーズを食べた。

飛行機に搭乗すると、すぐにイギリスに帰ってきたような気分になった。離陸する前からすでに、家に帰り着いたように感じた。あのすばらしい、ブリティッシュ・エアウェイズの控えめながらエレガントな機内食が、紅茶とコーヒーとともに提供された。

その後、彼がカザフスタンを訪れたのはほんの数回だけだ。会社はあのカザフのマーケティングキャンペーンを他の中央アジアの市場でも基本路線として繰り返そうとしたが、どこもカザフのようには成功できなかった。カザフスタンで起こったことは何年もの間、この会社が最も成功した国際マーケティングキャンペーンの成功例として残った。

この旅で彼が得たものは——外国市場で巨人のマールボロを打ち倒すのは可能という確証だ。マーケティング機会を逃してはならない。それは二度とやってこないのだから。

数か月後、元気な赤ん坊がこの世界に無事に生まれ、弁護士と妻のもとにやってきた。女の子だ。その存在は大きな喜びだった。ただし、親になっての最初の一年は、朝オフィスに寝不足のぼんやりした目でやってくることが何度もあった。

ロンドン本社では、彼のコミュニケーションボックスに新たな道具が加わった。ブラックベリーだ。カナダ生まれのその機器を、彼は誇りと恐怖の入り混じった感情で受け取った。上級弁護士は、オフィスの外でも電子メールを受け取れるように、その機器を特別に供与されたが、それは勤務時間以外にもメールを受け取れるようになったということだ。これまでは、本社を離れているときには、あるいは自宅で夕食をとっているだけのときでも、電話でしか連絡がつけられなかった。いまや、どこにいても、何時であろうと、同僚からのメッセージやリクエストに答えることができる。ブラックベリーなどの新しい機器や、常時連絡がとれるという概念は、産業界での議論に火をつけた。従業員は一日二四時間、週七日、電子的に会社とつながっているべきなのだろうか？　まあ、この議論がどういう結果に終わったかについては、私たち誰もが知るとおりだ。新しい技術は、彼の手のひらに収まる恵みであり呪いだった。

彼はよく、朝オフィスに着いて最初の数分を、デスクでコーヒーを飲みながら、古臭い新聞の見出しをざっと眺めて過ごした。いつもはロンドンの『タイムズ』紙だ。二〇〇五年一月の冬のある朝、娘が生まれてまだ数か月のころに、彼はジョニー・カーソンが死亡したという記事を読んで心を痛めた。

ジョニーは喫煙を決してやめず、肺気腫で死亡した。

死亡する少し前、弟に「あのいまいましいタバコのせいだ」と話していた。

スイス・コンフィデンシャル

二〇〇五年六月、タバコ会社で働き始めて約四年後、弁護士は新しい役割を与えられた。スイスは西ヨーロッパとアメリカのビジネスハブに変わっていた。会社のヨーロッパ、中東、アフリカ担当の地域チームのほとんどが、そこに拠点を移していた。そのため、それは彼にとっても自然なステップだった。イギリスのロンドン本社で仕事を続けることによって、蚊帳の外に置かれてしまっていたからだ。

ある朝、本社で上層部から辞令が下されたときにも、驚きはしなかった。

彼は中央アジア市場の担当も、グランプリとその他すべてのイギリス市場における責任も解かれた。その代わりに、すでに担当しているイベリアとイタリアのファイルに加えて、フランス、ベルギー、ルクセンブルク、そして、オランダのファイルを渡された。これからは、ドイツを除く西ヨーロッパ市場全体を彼が管理するということだ。そして、スイスのファイルも一緒に手渡され、現地——ローザンヌに移るほうがいいだろうと言われた。

その移動は命令ではなく選択肢として与えられたのだが、ノーと言えるリクエストではなかった。これを断れば、もう次はないということが彼にはわかっていた。

その晩、彼は妻と相談した。

妻はためらった。それも当然だ。子どもが生まれ、最近、家のリノベーションを済ませたばかりだった。それに、イギリスには彼女の家族が住んでいる。妻の不安を和らげるために、弁護士は会社が提示している好条件を詳しく語った。

会社は基本的に、食費以外のほとんどすべての支出を負担してくれる。住む場所にかかるお金も、子どもの学校にかかるお金も、乳母にかかるお金も。車も提供してくれる。さらには、給与が大きく跳ね上がる。

スイスでは生活費がずっと高い。だから理論的に、会社は食品や洗濯洗剤などのコストが高くなる分、それに合わせて給与を上げようというのだ。外国のより物価が高い土地に移動する不便さを相殺するために、基本的には二〇パーセントの昇給がある（これは、海外赴任者の給与がまだ一般的だったころの話だ）。弁護士と妻に提示された条件は、どの基準からみても格別に気前がよかった。

彼はとんでもない額のお金を手に入れるだろうし、家族は一日、週、月単位で、ほとんど何も支払わなくていい。給料はすべて小遣いと家族の蓄えになる。彼は月に一万ドルは貯蓄できるだろうと計算した。

これがどれほどの好条件かを弁護士が熱心に伝え終わると、妻はこう言った。「どこに署名すればいいの？」

たいていの人は、スイスと聞くとジュネーヴを思い浮かべる。おそらく、ジュネーヴ条約が頭にあるためだろう。しかし、彼が送られたのは、ジュネーヴから三〇分ほどの距離にあるローザンヌだった。

ローザンヌは三つのもので有名だ。ビジネススクールの国際経営開発研究所、ホテルとホスピタリティの国際学校であるローザンヌ・ホテルスクール、そして国際オリンピック委員会（ＩＯＣ）である。オリンピック大会の中枢なので、各国の代表を乗せた五輪マーク入りのＳＵＶ車がつねに町中を走っている。

オリンピック博物館とＩＯＣ本部では、美しい石段がガラスと石の洗練されたファサードを持つ建物につながる。石段にはこれまでにオリンピックが開催された都市の名前が刻まれている。これは国際的なスポーツ熱、人間の身体的な能力の記念碑だ。

料理、管理スキル、スポーツへの貢献で有名な都市であることを思えば、ローザンヌのあまり知られていない第四の名物――世界のタバコの首都――の宣伝が控えめであるのも驚くことではない。

ローザンヌはフィリップモリス・インターナショナルの本拠地だ。中国を除く世界最大のタバコ会社であるフィリップモリス・インターナショナルは、スイスに拠点を移した最初の大手タバコ会社でもある。多くのタバコ会社がその先導に従った。

ある意味で、弁護士がここに移ってきたのもそれが理由だった。二〇年前、フィリップモリスの重役のひとりが、ニューヨーク州からスイスに会社を移転させれば、はるかに利益が得られ、それより重要なこととして、アメリカでの訴訟の脅威からの避難場所を得られるだろうと考えた。リーダーには従ったほうがいい。

ローザンヌは人口一四万の比較的小さな都市だ。スイスの多くの都市と同様、染みひとつなく磨き抜かれた美しい町で、贅沢という点では世界の首都と言える。すべての有名ブランドがここにある。ルイ・ヴィトンも、エルメスも、パテックフィリップやオメガやジャガー・ルクルトなどの高級時計メーカーも。美しい都市だが、生活費は高い。

弁護士はこの町にきて最初の数週間、ローザンヌ・パレスホテルを住まいにした。そこに滞在しながらアパート探しをして、イギリスから家具が到着するのを待った。彼はこのホテルが大好きになった。清潔なスパとフィットネスクラブ、美しいプール、ミシュランの星を獲得したレストラン、レマン湖の息をのむような美しい景色を楽しめる。

通りを少し歩くと、ボー・リヴァージュ・パレスがある。パレスホテルとともに、世界でも最もすばらしく、最も高価なホテルに数えられる。どちらも大きく、どちらも完璧なスイス式に、静かで控えめな威厳をたたえていた。豪華だが目を引く派手さはなく、誇示もしない。旧世界スタイルだ。

ローザンヌ・パレスでの短い滞在後、家族は改装されたばかりのペントハウス・アパートメントに移った。家賃は月一万ドルほどで、寝室が五部屋に、新しいキッチンとダイニングルームがあり、一〇〇〇平米の広さのテラスからはレマン湖が一八〇度見渡せる。

きらめく湖の向こうには、フランスのエヴィアンの町があり、毎朝、彼らはテラスから、どのエヴィアンの水のボトルにも描かれている風景を楽しんだ。あの三つの象徴的な山々だ。水道水もエヴィアンのような味がした。簡単に言ってしまえば、彼らはいまや、よりよい生活をアピールする美しいCMの舞台のような場所で暮らしていた。

専用の洗濯室まであった。ヨーロッパのどこでも、自分のアパートの部屋に洗濯室があるのは贅沢で、それが最初のうち、彼らにトラブルをもたらした。ただし、スイスならではのトラブルだ。洗濯室の床は石のタイルで、そのため靴を履いたままそこを歩いたり、赤ん坊をそのなかで走り回らせたりすると、あるいは、ただ洗濯物の山を置くだけでも、かなりの音が響いた。下の階の住人が迷惑に思うレベルの騒音だ。すぐに苦情がきて、それも頻繁にやってきた。コンシェルジュは彼らには無礼な態度を見せ、静かにするように言った。

新しいアパートでの生活が始まった最初の週に、現地の同僚弁護士がローザンヌへの歓迎をしたいと誘ってきた。その弁護士はスイスの判事でもあった。

昼食を食べながら、家族は新しい家に慣れたか、と判事がたずねた。

弁護士は騒音についての苦情と、無礼なコンシェルジュとのやりとりについて詳しく話した。

判事はコンシェルジュの電話番号をたずねた。するとその晩、家に戻ってから、コンシェルジュが部屋まで謝罪にやってきた。

次に判事に会ったときに、弁護士はその謝罪についてたずねてみた。

「彼に何を言ったのですか？」

「具体的な内容をすべてはお話できませんが、あなたがスイス経済にとって重要な人物であると言いました」。

弁護士はそれ以上聞こうとはしなかった。そして、それ以降、コンシェルジュは彼の家族に極端なまでに礼儀正しくなった。

スイスはルールで有名な国だ。それらのルールは破るためにあるのではない。ここはローマでもニューヨークでもないのだ。

ルールはすべての人が快適に安全に暮らせるためにある。そうしたルールの字義と精神は、どんなときにも忠実に守られる。人々の社会的な態度だけで抑制できないときには、警察官がルールを守らせる。この国の豊かさは、資金が非常に豊かで優秀な警察を維持できることを意味した。

ローザンヌでは、もしあなたが午後一〇時以降の「騒音」――これも違反行為になる――について苦情を申し立てるために警察を呼ぶと、彼らは数分のうちに家にやってくる。

こんな有名な話がある。近所に住むふたりのスイス人が一緒にパーティーを開くことにした。ひとりは午後一一時に家に帰り、自分が準備を手伝ったパーティーの騒音が不快なことに気づき、警察を呼んだ。警察がやってきて、パーティーをやめさせた。弁護士はこれを実際に起こった話として聞いたが、本当のところはわからない。スイスの都市伝説のファイルに入れたほうがいいのかもしれない。

弁護士一家が学んだルールがいくつかある。あるいは、従わざるをえなくなったルールと言うべきか。彼のアパートの賃貸契約は、午後一〇時以降は立って小便をすることを明確に禁じていた。ばかげて聞こえるかもしれないが、このルールには理由がある。騒音だ。日曜日の洗濯も同様に禁止だった。これは、排水管を通る水の音がうるさいためと、洗濯機の振動が建物全体に伝わるためだ。夜間の特定の時間やかなりの早朝にシャワーを浴びることも迷惑がられた。ゴミを捨てるときに間違った分別容器に入れると、重い罰金を科されかねない。魚のようなペットでさえ、つがいではなく単体で飼うのは違反だった。動物に孤独な生活をさせるのは虐待とみなされたからだ。

彼らは試行錯誤を繰り返してこうしたルールをすばやく学んだ。そして、そのルールに従わないと、どんな結果につながるかも学んだ。隣人の怒った顔、あるいはコンシェルジュからの小言だ。スイスでは、人々はいつも監視している。誰もが日々を静かに、効率的に、礼儀正しく過ごしているということだ。

それにしても、誰もがルールに従っていることには感心した。夜一〇時以降は、建物のなかは本当に静かで、おそらく国中がそうだったのだと思う。

これはアメリカの「我々はいつもオープンだ」文化へのアンチテーゼだった。

ただ、こうしたスイスの文化には欠点がある。社会がどうにも堅苦しくなることだ。人々は無礼ではないが、よそよそしい。弁護士一家が出会ったほとんどの人は、彼らのことをよく知るために時間をとろうとはしなかった。自分たちの生活に閉じこもっているように見える。こうした文化は、スイスという国の国際的な立ち位置とも重なり合う。中立だ。新しい友人をつくりたいか、ひとりでいたいかによって、そこでの暮らしはよくも悪くもなる。弁護士一家は夜にドアに鍵をかける必要がないとわかった。職場の彼の駐車スペースに、他の誰かが駐車したことは一度もなかった。

弁護士は、ドアの外にお金の入ったカバンを置いても、誰かがベルを鳴らして、ドアの外にお金の入ったカバンを置き忘れていますよ、と教えてくれるのだろうと思った。

この穏やかさと秩序は、何に対しても誰に対しても、緊迫感が生じないことを意味した。何かをすばやく行なうという概念は存在しなかった。だから、ピザを三〇分以内に届けられなかったら無料にするというサービスはない。しかし、作業員が次の木曜日の午前一〇時一五分に来ると約束したら、彼はいつも一〇時一五分ちょうどにドアをノックする。

列車は本当に秒単位で時間どおりに運行した。弁護士はスイスにいた間、駅を遅れて出発する列車を一度も見なかった。店舗は昼食時には一度閉まり、毎日午後六時ちょうどに閉店する。土曜日は買い物時間が制限される。

日曜日に開いている場所はどこにもない。これは次のルールの一部だ。あなたは日曜日に働いてはならない。日曜日は教会へ行く日だ。そして、教会員でないとしたら、あなたは一日を家族と一緒に、思慮深く、静かに過ごす。

信じがたいことだが、弁護士一家の生活の質はすばやく改善した。結局、ルールには効果があったのだ。日曜日に店が閉まっていることで、生活は本当に改善した。彼は妻と子どもたちと過ごす時間が多くなった。使えるお金も増えた。本社から離れ、以前の三倍も広いオフィスを持てた。出張は少なくなった。望めば昼食をとりに自宅に戻ることもできた。

洗練され、快適な暮らしだった。

そして、しばらく時間はかかったものの、最終的には友人をつくることもできた。ほとんどは子どもを持つ海外赴任者で、フィリップモリス、ハネウェル、ネスレ、キャドバリー・シュウェップス、ホンダ、ネスプレッソ、スターバックス、世界最大手の包装容器会社テトラパックなど、企業帝国のために働いている人たちだ。ローザンヌに足跡を残している他の企業には、たとえば医薬品メーカーのメルク、農薬会社のモンサントなどがある。それから、スイスのあらゆる企業、銀行、チョコレート会社、時計メーカーも加わった。スイスのチョコレートは本当に世界一だ。国内ではひとかけらのカカオの栽培も収穫もしたことのない国であることを考えれば、不思議に思える。

弁護士はガンメタルグレーのBMW X3を与えられ、週末はそれに乗ってスイスを巡った。ロンドンでの初出勤の日、自宅に最初の社有車が届けられ、他の車とは逆方向に郊外へ車を走らせたことが、楽しい思い出としてよみがえった。

彼らは乳母を雇いもした。面接のとき、その女性はそれまでの雇い主はサウジの王族だったと言った。それで、もっと普通の生活ができるところを探しているのだと説明した。

大手タバコ会社は、なぜスイスに国際拠点を開設したのだろう？

チョコレートや時計、田園的な風景のためではない。静かな夜のためでも、時間どおりに運行する列車のためでもない。これらはほんのおまけにすぎない。

企業がスイスの山中に移転したのには、大きな理由がふたつある。法的な攻撃を受ける脅威の可能性に対して、合法的にビジネスを守れること、そして法人税率が低いことである。これらふたつの問題は互いに結びついている。オリンピックの五輪のマークと同じだ。

弁護士がスイスでしていたことを理解するために、一九六四年の公衆衛生局医務長官の報告書と、反タバコ運動の始まりに戻ってみよう。

あなたも十分におわかりのことと思うが、一九六四年まで、アメリカのタバコ産業は世界的な大衆文化の中心にあった。喫煙はクールな習慣とみなされ、誰もがタバコを吸った。

いや、ちょっと待って。時代をさらに第二次世界大戦までさかのぼろう。

アメリカが最終的に第二次世界大戦に参戦したことで、数百万のアメリカ兵がヨーロッパにやってきた。彼らと一緒にいまやアメリカを代表するブランドとみなされるものが入り込んだ。コカ・コーラ、ハーシーのチョコレート、キャンベルのスープ、そして、アメリカのタバコだ。

人々はあらゆる場所でタバコを吸った。戦地でも、前線のすぐ後ろでも、軍では階層に関係なく誰もが喫煙者だった。彼らが映画館で観る映画スターたちもタバコを吸った。兵士たちを楽しませる音楽のスターたちもタバコを吸った。喫煙は魅力的で憧れが強く、恐怖からつかの間逃れるにも、戦闘を待つ間に時間をつぶすにも、格好の手段だった。ラッキーストライク、ケント、ポールモール、キャメル、ウィンストン、チェスターフィールド、これらアメリカ南部で生まれたブランドすべてが、ドイツ軍を押し戻す兵士たちとともに、ヨーロッパに広まっていった。覚えているだろうか、ヒトラーは喫煙者ではなく、強硬な反煙家だった。

これらアメリカのブランドは、アメリカが世界に掲げた自由と勝利の概念への希望と同意語になった。ヨーロッパでアメリカのタバコを吸うアメリカの兵士たちは、英雄だった。旧世界は新世界の神話を称賛し、それを象徴するブランドを求めた。

戦争はアメリカのタバコ産業がヨーロッパを征服するのを助けた。そして、タバコ会社にとっては、外国市場を獲得し拡大するのが使命になった。その市場こそ、弁護士が担当することになったファイルだ。西ヨーロッパである。

戦争によって、ヨーロッパでの、そして世界でのアメリカのブランド、のちには西洋のタバコ全般への需要が高まり、その需要がずっと続いてきた。北朝鮮の金正日はアメリカを滅ぼすと脅しをかけたかもしれないが、公然とマールボロを吸っていた。

ラッキーストライクとキャメルはすぐにヨーロッパで偶像的なブランドになり、アメリカのタバコ会社にとっての輸出市場に成長した。そして、それが何かもっと大きなものになった。

時代を早回しして、二〇年後に話を進めよう。一九六四年、公衆衛生局医務長官の報告書が発表されると、アメリカの国内市場ではすぐさま喫煙率が急降下し、訴訟の脅威が迫った。

一九七〇年代に入り、フォード・ピント事件のあとだが、まだ基本和解合意が成立するには至っていない時期に、アメリカの司法制度は懲罰的損害賠償金の方向へと向かい、タバコ産業は恐怖にかられた。ビジネスは成長していた。アメリカだけでなく、世界全体で。アメリカで訴訟が法廷に持ち込まれ、陪審員団が一定方向に判定を下せば、世界中でタバコ産業を消滅させるかもしれない。タバコ会社はアメリカを拠点にしていたからだ。

どうやら非常事態に備えるプランを考えるべきときがきている。おそらく、セカンドハウスを買うべきだ。

そこで、フィリップモリスは価値あるブランドの所有権をアメリカ以外のどこかで確実に守ることにした。そうすれば、アメリカでの訴訟が長引いても、会社はまだ戦争以来成熟していた世界の市場を当てにでき、ビジネスの大部分をアメリカ以外の安全な場所で動かせる。

スイスは第二の家の最も魅力的な選択肢になった。スイス政府は自国を魅力的に見せようと熱心だったからだ。

アメリカのタバコ会社の多くがすぐには経済的に寛容な国に拠点を移さなかったのには理由がある。資金だ。

世界で認知されている最も価値あるブランドを所有する数十億ドル規模のアメリカの企業は、アメリカにただ別れを告げて、立ち去ることはできなかった。アメリカを離れるのはかなり費用のかかる引っ越しになる。アメリカ政府、とくに内国歳入庁（IRS）は、アメリカで何十年も操業し、大金を稼いできた企業に、平手打ちのひとつも食らわせることなくすんなりドアから出て行かせはしなかった。

その顔面への平手打ちと言えるものが、出国税だった。

もちろん、フィリップモリスはバージニア州リッチモンドに本社を構えるアメリカ南部の有名なタバコ会社だ。マールボロによる戦後の成功は、世界的な成功への足掛かりになった。何度かの所有権の変更があり、クラフトフーズ、のちにはアルトリアが経営権を握った。

そのビジネスの価値はアメリカに保たれる。なぜなら、マールボロとチェスターフィールドをはじめ、国内市場、さらに重要なことには世界中で販売される人気ブランドの多くの国際商標は、アメリカの会社が所有していたからだ。

フィリップモリスが思いついたすばらしい解決策は、移転ではない。その代わりに、国際事業をアメリカの会社から切り離し、「スピンオフ」させることにした。つまり、フィリップモリス・インターナショナル（PMI）という新会社を設立したのだ。

PMIが設立されれば、アメリカのフィリップモリスは喜んで国際商標を新会社に売却するという手はずだった。

アメリカ企業と新しく設立されたPMIは、名前だけ見れば同じ会社だが、法的には互いに何の関係もない。あなた自身のクローンをつくって、そのクローンは世界のまったく異なる場所で生活し、あなたは国内にとどまって、絵葉書の交換すらしないようなものだ。

この新しい取り決めは、IRSの大きな注意を引いた。IRSはこれをアメリカから逃げ出すための操作とみなしたのだ。ふたつの会社の間の取引は、「キャピタルゲインによる資産売却益の事例」とみなされた。IRSはフィリップモリスに対し、これらブランドの国際商標（なかでもマールボロ）が完全な市場価格でライバル会社に売却された場合に得るだろう利益の全額に課税した。

IRSからしてみれば、フィリップモリスはそのブランドすべてを、贅沢な国際市場から利益を上げるために別の世界的企業に売っているようなものだった。この取引は数十億ドルの価値がある。それでも、IRSからのどれほどの打撃があろうと、何もしなければこのアメリカ企業を霧消させかねない法的訴訟の脅威が迫ってくる。あなたなら、一時的な退却のために、ひと財産を投げうったりはしないだろうか？　フィリップモリスはローザンヌに新しい国際本部を設立し、そのために法外な金額を支払った。

結果的に、この取引により、同じブランドを共有する、ふたつの完全に独立した会社が生まれた。それと同時に、もし最悪のシナリオが現実のものになって、アメリカのタバコ産業を崩壊させる法的決定が下されても、対象となるのはアメリカ企業が所有する資産だけにとどまるという封じ込めに成功した。

他の大手タバコ会社はフィリップモリスの動きを見守り、すぐに後を追ってスイスに移転するそれぞれの方法を見いだした。

その結果として、弁護士はこうしてローザンヌにやってきて、ガンメタルのBMW（ビーマー）で走り回っている。

彼はよくPMI本社の前を通りかかった。町の中心部にある複合建築で、ひな壇式に棟が連なる、ブルータリズム様式の低層の建物群だ。設計に豪壮な部分は何もない。これが強大なマールボロの世界帝国の中心地だとは決してわからないだろう。弁護士はそのオフィスに招待されることは一度もなかった。

その隣には別の巨大タバコ会社、ブリティッシュ・アメリカン・タバコ、略してBATがある。

やはり世界最王手のタバコ会社のひとつであるBATは、PMIに続いてすぐにローザンヌにヨーロッパ本社を開設し、ヨーロッパのビジネスラインの多くをそこから動かし続けている。

しかし、フィリップモリスとは違って、BATは国際事業全体と所有権をスイスに動かすところまでは踏み込まなかった。その大きな理由は、BATがずっとイギリスの企業で、フィリップモリスがアメリカで直面したような法的問題にはぶつかっていなかったからだ。イギリスには基本和解合意に相当するものはない。その代わりに、まず自発的な合意があり、それに続いて、弁護士があれほど多くの時間を費やして、ほとんど暗記できるほどになっていたEU指令が下された。

そのため、BATはキャピタルゲインを理由にイギリス政府から出国税を課される財政的な痛みに耐えたことはなかったし、スイスの国際版の会社に商標を売ったこともない。しかし万一の場合に備えて、その選択肢はつねに開かれていた。絶対にないとは言い切れないのだ。言ってみれば、ローザンヌのオフィスは緊急時に使える大きな脱出用パラシュートだった。

弁護士も彼の同僚たちも、ローザンヌでBATの社員と出会うことがあれば、誰に対してもいつも特別に友好的に接した。それはなぜか?

答えは、弁護士がドライブチームと一緒にロンドンを回っていた入社直後の時期にある。もし新しい喫煙者を引き寄せる力がないのなら、既存の顧客を維持するために戦うしかない。取引とマーケティングツールを使って、自社ブランドに引き寄せるのだ。統合はこのドライブチームの戦略をさらに大きくした動きだった。ひとつの会社を丸ごと、ブランド、そして喫煙者とともに買収する。それが業界のトレンドになった。

弁護士の考えでは、これは彼の会社が乗っ取られるかどうかの問題ではなかった。どの会社に、いつ買収されるかの問題だった。

その最も有力な候補がＢＡＴだった。資金が豊富で、イギリスの会社でもあったからだ。企業として、あるいは戦略的観点から、弁護士が何か決定的な事情を知っていたということではなく、ＢＡＴはイギリスで取引をする同業の会社で、彼の会社よりも大きく、潤沢な資金も持っていた。さらに、ＢＡＴは国際市場でのブランド所有権の獲得に積極的で、弁護士の会社のヨーロッパでの基幹ブランドは、世界のいくつかの地域ではＢＡＴが所有権を握っていた。

ＢＡＴは合併先としてぴったりでもあった。というのは、弁護士の考えでは、ＢＡＴは世界的なイギリスのタバコ会社ではあったが、国内市場では彼の会社と比べてビジネスが振るわなかった。もしＢＡＴが彼の会社を買収すれば、世界だけでなくイギリス国内でも地位を固めることができるだろう。

それゆえ、弁護士と同僚は、強大なＢＡＴが腕を振り回して迫ってくるのを恐れながら暮らしていた。内輪のジョークとして、彼らはＢＡＴを「悪の帝国」と呼んでいた。

弁護士の部署で、ＢＡＴの亡霊について話が出ずに過ぎた月はなかったのではないかと思う。結果として、ＢＡＴの社員や経営陣と話をするときには、彼はいつも敬意を表し、愛想よくしていた。いつの日か、彼らが同僚や上司になるかもしれないのだから。

この美しいスイスにいる誰もが、フィリップモリスのおかげでここにいた。しかし、はっきり言って、誰が移転の資金を支払っていたのだろう？

スイス政府がその資金を提供していた――ある意味で。

大手企業が本社をスイスに移転する利点のひとつは、スイス当局と税率を交渉できたことだ。たとえば、莫大な出国税を課された会社が、スイスでは最初の五年間は税金を支払わなくていいという交渉をまとめることも可能だった。いい話に聞こえるのではないだろうか？

伝え聞くところでは、フィリップモリスの重役はスイス政府の代表と交渉したとき、拒むことが難しい条件を提示された。いまだに業界でうわさ話として伝わるその取引の内容は、スイスに本社を移転すれば二〇年間は税金を支払わなくていいというものだ。

なぜスイスはそんなばかげた取引を持ち掛けたのかと、あなたは不思議に思うかもしれない。消費者製品の歴史上、最も議論を巻き起こしてきた製品で利益を上げている世界的企業に対し、二〇年も法人税の支払いを免除してまで、安全な避難場所を提供することにどんな価値があるのだろう？

第一に、スイスは長期的な視野で物事を考えていた。あなたがローザンヌかバーゼルの町を歩いたことがあるなら、中世の町の中心部を目にしたはずだ。非常に古い文化がそこにある。二〇年など取るに足りない。結局のところ、スイスは一〇〇〇年以上の間、国際ビジネスの仲介を行なってきたのだ。

第二に、スイス当局は移転してくる企業に勤める数千人の社員が、スイスでお金を使い、サービスを利用する利点を、大局的に見ていた。これらの企業重役の家族は子どもたちをインターナショナル・スクールに通わせ、高級レストランで食事をし、これらサービスに対して税金を支払うだろう。

ローザンヌは小さな町なので、一〇〇〇人の新しい従業員、とくに経済サービス部門の上層にいる人たちを迎え入れるのは、かなり大きな意味を持つ。その結果として達成されることを考えてみてほしい。リーダーが動けば業界全体がそれに従う。

国際的なタバコ会社にとって、スイスは理想的な避難場所であることがわかった。スイスで価値を持たれていることを思い出してほしい。

たとえば、中立。

世界で公式に中立の立場をとる国は多くはなかった。もちろん、第二次世界大戦中には、ドイツ人、フランス人、ロシア人、そして他の誰でも、自分たちの財産や家財を守るためにスイスに運び込んだ。勝っても負けても、財産はスイスの銀行に守られる。しかし、多くのユダヤ人家族がスイス国境で入国を拒否され、追い返された。中立には代償を伴う。何かひとつの出来事に基づいて評価することはできない。この国で大事に守られてきた法的立場のためだ。

銀行取引における守秘義務も価値があり、スイスの法律でも守られている。アメリカで言論の自由が重視されているのと同じで、これは国家の誇りの問題だ。秘匿という概念は核となる信念で、その態度は個人が従事するビジネスに関しては、偏った判断を避ける慎重なアプローチに広く取り入れられている。

弁護士は、スイスに大勢の武器商人がいるという話が本当かどうか確信できなかったが、そうであっても驚きはしなかっただろう。自分の売っているものが社会的に不適切でも、利益が上がるものであり、そしてルールに従うつもりであれば、ここは来るべき場所だ。

世界中のほぼすべての地域で、すべての人の健康を一年中毎日、損ない続けていると非難されている多国籍タバコ会社にとって、そうした環境で操業する利点は容易に理解できる。ある人、または会社がそこに招かれて、ルールに従いさえすれば、尊厳と敬意を持って扱われる。

「平常どおりのビジネス」が、ここでのムードだ。ビジネスは好調。おまけに、スイスはまだ一般的には喫煙を好んでもいた。

弁護士は、間違いなくEUの域外にある特異なヨーロッパの国にやってきた。この国の人はユーロではなくスイスフランを使っている。

幸いにも、EUの規制と指令はスイスには適用されない。

しかし、彼がやってきてから地域市場に変化が生じ、より多くの規制が迫りつつあった。彼が動くと、公衆衛生局医務長官の警告が後を追ってくるように感じた。それでも、魔法のように、ヨーロッパに吹き荒れていたそうした規制は、ここでは具体化しなかった。

実際には、それは魔法ではなく、影響だった。

ジュネーヴで通りを上っていけば、世界保健機関（WHO）の本部がある。世界中のすべての人々の健康的な将来を築くことに専念している機関だ。WHOは国連のイニシアティブから生まれた。

二〇〇三年、WHOは独自の反タバコ条約として、「タバコ規制枠組条約」を策定した。この条約はすべての国が従うべきプレイブックとなるもので、WHOが世界的な健康を脅（おびや）かす疫病と特定したものの管理を助けることを目的とした。スイスを含め、一〇〇か国以上が署名した。

しかし、EUのすべての加盟国とは違って、皮肉な結果ながら、スイス政府はこの条約を批准しなかった。スイス式の枠組みは、弁護士があれほど多くの時間を注いで対処したEU指令の手本になった。もちろん、スイスはEUの域外にとどまることを決定した。そして、WHOの「タバコ規制枠組」がジュネーヴで打ち出されつつあったものの、世界でも最大規模の、資金が潤沢なタバコ会社が次々と、静かにこの国に移転し、すでにここを故郷にしていた。WHOの枠組みに対する、「調印はするが批准はしない」という政府の立場は、おそらくスイスの中立性に組み込まれた緊張とバランス構造のもうひとつの例だろう。

それまでのところ、弁護士の会社はここで相当な利益を上げ続けていた。広告はほぼ合法のままで、厳しい健康リスクの警告を印刷する必要もない。喫煙者は好きなところでタバコを吸えた。反タバコ運動の波はスイスの山脈にぶつかって砕け散ったようだった。

弁護士はいまや西ヨーロッパのほぼ全域の担当となり、法的問題や関連会社に責任を持つとともに、免税ビジネスと、R・J・レイノルズ・タバコとのヨーロッパでの共同事業も責任領域になった。

彼はすべての事業会社の取締役を務めた。それは、契約に関する仕事、広告の承認、商業上の通常業務が増えることを意味し、世界で最も美しいいくつかの都市への出張も増えた。ローマ、リスボン、パリ、ブリュッセル、そして、彼のお気に入りのマドリードなどだ。

そうした出張は、ほっとできる旅にもなった。弁護士は本社を離れた上級社員の立場で仕事をしていた。スーツはクローゼットにしまい込み、オフィスへはビジネスカジュアルで行くことができる。これは小さなことに聞こえるかもしれないが、じつは大きな違いだ。彼はいまや居心地のよい領域で生活していた。一度などは、本当に暑くてほとんどの人が休暇をとっているときに、一線を越えてTシャツと短パンでオフィスに行った。しかし、スイスオフィスの社長に見つかり、家に帰って着替えてくるように言われた。それでも、社長は何事にも非常に礼儀正しかった。

新しいオフィスでの役得はもうひとつある。グーグル検索ができることだ。ロンドン本社では、インターネットへのアクセスはブロックされたが、ここでは自由にネットサーフィンができ、好みの新聞をオンラインで読む機会が増えた。もちろん、より快適なオフィス用の服を着て過ごすこともできる。

彼は他の重役たちと親しくなった。そして、スイスでのビジネスは財務上の期待を大きく上回った。国際企業はロンドンのチームに、よいニュースと利益をもたらした。彼らは国際的な洋上を順調に進む、ビジネスカジュアルを着た海賊たちの小さな船だった。

西ヨーロッパと北アメリカでは、公衆衛生局医務長官の報告書は業界の炎を消していた。しかしここでは、エヴィアンの風景とスイスの穏やかなビジネス文化が正確に時を刻むなか、会社は繁栄し国際ビジネスは成長していた。カザフスタンと他の多くの世界的前線のおかげだ。人生は順調だった。

もちろん、それが長く続くはずもなかった。なぜなら誰もが知るように、よいときは永遠に続くものではないからだ。

もっと大きな魚

喫煙者のほとんどが、世界中で一番人気のあるタバコはマールボロだと思っている。それは本当だ。

マールボロは西半球では最も人気のあるタバコだ。しかし、宇宙飛行士になった気分で、宇宙から地球を見下ろしてみれば、東半球で最も人気のあるタバコは欧米のブランドではなく、一連のアジアのブランドである。たとえば日本での圧倒的な一番人気は、日本たばこが製造していた「マイルドセブン」だった。日本たばこはジュネーヴの少し通りを進んだところに、海外事業の拠点となるグループ会社を設立していた。

事実を明かせば、この日本国内最大のタバコ会社は、その株の五〇パーセントを日本政府が保有していた。この会社が地球上で最も需要のあるタバコの一銘柄を作り上げた。しかし、欧米人はおそらく、「マイルドセブン」というタバコも、日本たばこという会社の名も聞いたことがなかっただろう。

なぜ政府がタバコ会社の最大株主になるのか？　現在の社会情勢を考えれば、ありえないことのように思える。

一九八〇年代半ばまで、タバコは利益が上がるビジネスで、社会にも概ね受け入れられていた。

多くの国の政府は、議論の的にはなるものの人気があるこの製品を規制する一方で、いまや「悪の帝国」とみなされるようになったが、価値ある帝国から利益を吸い上げ続けたいと思っていた。

もちろん、利益を得るひとつの方法は製品への課税だが、多くの国はタバコ産業の全部ではなくても、少なくとも一部を自ら所有している。直観には反するかもしれないが、日本と中国を含む驚くほど多くの国で、タバコビジネスは相変わらず繁栄していた。

思い出してほしいのだが、かつて世界に君臨していたスペイン帝国は、歴史上でタバコ事業をはじめて独占した国とされるのが一般的だ。しかし、当時の他の植民帝国、とくにフランス、ポルトガル、オーストリアも、独占のモデルを模倣した。時代を下り、中国も同じことをしていた。

実際には、現在世界で最も人口の多い国である中国は、世界最大の――他の追随を許さない断然一位の――タバコ生産国である。中国のタバコ生産は、世界市場の四〇パーセントを占めるという推計もある。しかし、欧米社会で中国のタバコの世界的拡大を本当に心配する者はいない。なぜなら、それを製造するのは国有企業で、外国市場を征服しようとは考えていないと思われるからだ。したがって、この争いの場は静かな休戦状態にある。

基本的に、中国からのメッセージは次のようなものだ。「我々は一四億を超える中国の人口の――およそ三億人と推計される喫煙者の――ためのタバコを製造する。あなたたちをわずらわせるつもりはない。だから、そちらも我々にかまわないでほしい。ありがとう。言いたいのはそれだけだ」

中国では、ひとつの国有会社が全ブランドのタバコを供給する。カナリア諸島と同じようなものだが、規模は中国のほうがはるかに大きい。そして、もし欧米のタバコ会社がこの巨大市場でほんのひとかけらでもシェアを獲得したいと望むなら、チャイニーズ・タバコと提携しなければならない。

タイ、ベトナム、イラン、イラク、シリア、レバノン、チュニジアはいずれも、国がタバコ会社を所有している。もっと多くの国が、タバコ産業のかなりの割合を保有している。インド（人口は一四億を超え、二〇二三年に中国を抜いて世界第一位になった）では、ＩＴＣ（元の社名インディア・タバコ・カンパニーの頭文字を正式な名称にした）というタバコ会社の約四分の一の株式を政府が保有している。

つまり、政府によるタバコ会社への投資または所有はめずらしいことではない。反タバコ感情の波が世界中におよんでいることを考えれば、それも当然のことと感じられる。

なぜ政府はタバコ製品への投資を続けていたのだろう？　覚えているだろうか、カナリア諸島にはタバコの現地生産を義務づける法律があり、地元住民のための職を創出し、外国製品を締め出していた。また、偽スペインを例外として、スペインでの外国製品への態度が、「とっとと消え失せろ！」だったことを思い出してほしい。

日本たばこは、島国の日本で欧米のタバコブランドを寄せつけずにおくことができたアジアの巨大企業だった。そして、欧米市場に影響力を拡大しようとはしていなかったこの日本企業が、驚きの動きを見せた。

弁護士はローザンヌからジュネーヴまでの道を車で走りながら、Ｒ・Ｊ・レイノルズ・タバコ・インターナショナル（ＲＪＲ）の本拠地にちらりと視線を送った。それまではノースカロライナ州のウィンストン・セーラムを長く拠点にしており、ウィンストン、キャメル、弁護士のお気に入りのバンテージ、そして新しいところではナチュラル・アメリカン・スピリットなどのアメリカを代表するタバコブランドで世界的な成功を収めていた会社だ。

RJRの国際ビジネスは第二次世界大戦後に着実に成長し、やはりアメリカ以外での国際事業の拠点としてスイスに魅力を感じていた。RJRは先導者に従い、税制上の理由からスイスを選んだ。

フィリップモリスと同じように、RJRは何度かの所有者の変更を経験した（たとえば、ナビスコと合併したときの欲望渦巻く内幕について知りたければ、『野蛮な来訪者』〔鈴田敦之訳。パンローリング、二〇一七年［新版］〕を読むといい）。一九九〇年代後半には、基本和解合意の成立により、アメリカにおいては財政トラブルに見舞われた。

必要な資金をかき集める窮余の策として、RJRは国際事業を担っていたRJRインターナショナル（アメリカとプエルトリコ以外のすべてのビジネスを管理していた）を売りに出した。

誰もが、フィリップモリス・インターナショナルか弁護士の会社がそれに飛びつくだろうと思った。しかし驚いたことに、この欧米を代表するタバコ会社を数十億ドルで買収したのは、日本たばこだった。フィリップモリスと弁護士の会社に一〇億ドルもの差をつけて競り勝ったのだ。うわさによれば、日本たばこが一〇億ドルも値をつり上げたのは、RJRが拒めなくなる切りのよい数字だったからだという。それは『ゴッドファーザー』スタイルの申し出だった。一〇億ドルもプラスされれば、どの会社も断ることはできないだろう。

最終的に、その買収によって、日本たばこインターナショナルが設立され、ジュネーヴに本社を構えた。統合には費用がかかったが、プラスの要素のひとつは、ジュネーヴのRJRの社員と彼らのオフィスがすでに稼働していたことだ。

その買収により、日本たばこは一夜にしてグローバル企業の仲間入りを果たした。いまや弁護士の会社とフィリップモリスは、日本たばこを間近で警戒することになった。明らかに、どちらの会社も欧米市場でのシェア拡大をねらっていたからだ。

ある意味で、日本たばこはアメリカ企業が数十年前に達成しようとしていた試みを繰り返していた。本国から海を越えた地域に可能性のある新しい市場を探し出すということだ。日本政府は第二次世界大戦中に成熟していた代表的なアメリカブランドのすべてを買収しようとしていた。日本は新たな海賊となり、東洋から争いの場に向かって漕ぎ出していた。

そして、二〇〇六年十二月の休暇シーズンを目前にした時期に、それが起こった。交渉は閉ざされた扉の向こうで進められ、握手が交わされ、署名がなされ、突然、弁護士は日本たばこのために働くことになった。

交渉はまとまり、あとは国際的な買収にはつきものの、規制当局によるお役所仕事だけになった。弁護士は、世の中の人たちと同じタイミングで、その巨額の買収劇について知った。一八〇億ドルの買収は大きなニュースで、世界中のビジネスニュースで発表された。

当時、それは日本企業による歴史上最大の外国企業の買収だった。それも、手に入れたのは乾燥させた葉と紙でできた製品だ。公衆衛生局医務長官の警告後、タバコ産業が世界的に強烈な攻撃を受けていた時期に、途方もない巨額の取引額でタバコ会社が買われたのだ。

弁護士の同僚のほとんどは、このニュースを喜ばなかった。そして、誰もが職を失うのではないかと恐れた。

それは、もっともな恐れだったことが明らかになる。

買収が発表されるとすぐに、三か月から四か月をかけてのお決まりの最終手続きに入った。弁護士たちは通常どおりに仕事を続け、まるで買収などなかったかのごとく行動するように――「冷静さを保って続行する」ように――指示された。

統合までのその中途半端な時期に、弁護士はほとんど仕事をしなかった。誰も実際に何をすべきなのかがわからなかった。誰もがただ口を閉ざし、自分たちの給料が支払われ続けることを祈るだけだった。

これくらい大規模な企業買収の場合はつねにそうだが、経営の最上層部はすぐにでもクビを切られ、下位階級の社員は統合後の会社に取り込まれるのが普通だった。大きな魚は中くらいの魚を餌にするが、小魚はそのまま泳がせておくものだ。弁護士は自分がどの階層に属するのかが確かではなかった。

彼の上司とその上の上司は、贅沢な退職手当を提示され去っていった。何年も彼の世話役だったメアリーは、彼の数段上のランクに昇進していたため、買収契約が締結された直後に会社を去った。彼女の上司と、スイスオフィスの代表だった人物も、そのすぐ後に続いた。

日本たばこは総じて、極端なほどに寛大で、買収のやり方においては完全にプロフェッショナルだった。移行の管理はビジネス上の礼節のどの点から見ても、申し分がなかった。

弁護士は買収後の物事の扱いについて、不快な話は何ひとつ耳にしなかった。彼はこの会社に入って出会い、尊敬し、一緒に働いてきた人たちが静かに去っていくのを見守った。さようなら。一緒に働けてよかった。幸運を。

それが終わると、自分自身の処刑の時を待った。そして、さらに待った。しかし、解雇通知を手渡されることはなく、とまどいを覚えた。何週間も手持ち無沙汰のまま、自分の運命を告げられるのを待ち続けた。

正式に買収契約が成立した日、日本たばこインターナショナル（ＪＴＩ）の最高法務責任者（ゼネラル・カウンセル）から弁護士のところに電話があり、ジュネーヴのオフィスで会いたいと言ってきた。彼が住んでいる場所から車で三〇分ほどの距離だ。

どの建物に向かい、どこに駐車するのかについても指示され、それに従った。

自宅で、彼は文字どおりスーツのほこりを払った。この二年、袖を通す必要がなかったスーツだ。靴も磨いた。ＪＴＩはきちんとした服装という日本の厳格なビジネス方針に従うとわかっていた。彼は自分の職歴書も磨き上げ、数枚プリントアウトした。その夜はよく眠れなかった。

朝、ＢＭＷに乗り込むと、磨き上げた靴でペダルを踏み、滑らかなスイスのアスファルト舗装の道をジュネーヴへと向かった。タバコロードの終着地へ向かっているような気分だった。

ＪＴＩでの面談の場にいたのは、人事部のスタッフだけだった。

弁護士が座ると、コーヒーが出され、それからは形式的な挨拶に時間を無駄にすることなく、ＪＴＩは彼を弁護士として統合後の会社に迎えたいと言ってきた。ゼネラル・カウンセルを補佐する法務ディレクターの役割が提示された。これは法的なビジネス開発に責任を持つポジションだと説明された。

そのオファーは大きな驚きだった。彼はポーカーフェイスを装った。提示された分野での経験はほとんどなかった。

それから、報酬が書かれた契約書を鼻先に突きつけられた。その数字を見て、目玉が飛び出しそうになった。目にした数字は信じられないものだった。

人事部は一週間以内に返事がほしいと言ってきた。彼は数字を見て気持ちを固めていたが、チームメイトとの協議が必要だ。

家に帰ると、そのオファーについて妻と話し合った。妻も困惑していた。しかし、ふたりとも、提示された報酬にはこの上ない喜びを感じた。すでにかなりの額を稼いできたが、今度の報酬なら世界中のどこにでも、気に入った不動産を手に入れられるだろう。彼はカナリア諸島と、スライスされた新鮮なパイナップル、そして、一年中天国のような気候を思い浮かべた。

翌朝、ＪＴＩのゼネラル・カウンセルにメールを送り、今回のオファーに感謝すると伝えた。少しだけ詳細を話し合い、最終的に彼はそのオファーを受け入れた。五〇万ドルを超える年収を稼ぐことになった。まだ三十四歳だった。

驚きはそれだけではない。スイスオフィスで働いていた高度な資格を持つ社員のなかで、買収を生き残ったのは彼ひとりだった。他の重役たちは海賊船から降ろされたが、彼は再び甲板に戻って働くように命じられたのだ。

彼は同僚たちが統合という国際海域の嵐のなかに消えていくのを見送った。最後には、新しい旗を掲げて航海を始めた船に、彼が知る顔はひとつもなくなった。

新しい乗組員たちはタイプがまったく違っていた。

弁護士は彼らのことを知らず、JTIからの報酬は、彼に疑いを持たせた。また、なぜJTIは自分にほとんど経験のない分野での役割を与えたのだろうと不思議でもあった。自分が置かれた状況のすべてを疑わしく思った。それが、このときの彼の精神状態だった。

この疑いを打ち消すかのように、新しい法務チームはほぼ例外なく、本当によい人たちばかりだとわかった。全員がヨーロッパ人かアメリカ人だ。マドリードの同僚たちほど温かくはなかったが、親切で礼儀正しかった。

それでも、まだガードを下げるのは早いと決めていた。これは彼にとって大きな変化だ。イギリスの会社の成功している子会社でかなりの自由がきく環境から、厳しい企業文化に引き戻されたのだ。黄金の手錠をはめられているような状況だった。早めに出勤し、ネクタイを強制され、遅くまで残業し、巨額の給料を稼ぐ。これほど企業っぽいことはない。

やがて、彼がなぜ解雇を免れたのかについては、ある程度まではっきりした。以前の会社の何人かの重役たちが買収間際の切羽詰まった時期に書いた、管理職の悪名高いリストに彼の名前が載っていたからだ。それは、価値ある知識を持つために解雇すべきではないと判断された者たちのリストだった。少なくとも、解雇を免れた謎については解明された。

皮肉なことに、彼はいまや元の雇い主が築いた帝国の一部を解体する役目を負わされていた。この新しい役割は、古いトラックの部品を売る仕事のホワイトカラー版だとわかった。言わば「ビジネス反開発部門」だ。

彼の疑いはやってきては去っていったが、この新会社のミラー構造も助けにはならなかった。

やがて、欧米に顔を向ける上級社員のそれぞれに、日本人の担当者がついていることがわかった。東京本社のミラー社員だ。つまり、彼が会議に出席するときには、決まった日本人社員も黙ってその会議に参加する。彼らは影のような存在だった。会議で話し合われる内容をチェックし、東京本社の重役に報告するのが役割だ。それは奇妙な状況で、すでにおかしな仕事環境にばかばかしさをつけ加えた。

彼をイライラさせた原因のもうひとつが、堅苦しさだった。服装に関する厳しさもそうだ。会社での地位に応じた行動をとるように求める、古臭い慣習そのものだった。スイスにとってさえ旧式のもので、それが多くを物語る。

ひとつ例を挙げるなら、彼に与えられたセキュリティパスでは特定のフロアにしかアクセスできない。彼が属する階級に許されたフロアだ。上司と何かを話し合いたくても、重役室のあるフロアには上がれない。上がりたいわけではなかったものの、上階での会議に参加するように言われたときには、バスが使えないので問題が生じた。

下級弁護士として訓練を受けていた最初のころが思い出された。再びすべてが新しくなり、奇妙なことばかりだった。

ある金曜日、上司のひとりから、ビジネス取引のための法的書類をまとめるように言われた。仕上げるためには週末を丸ごと使わなければならず、仕方なくそうした。月曜日、彼は午前五時にオフィスに着き、資料に間違いがないかどうか確認した。それを終え、午前八時三〇分にその資料を持って、詳しい説明をするために上司のオフィスに行った。

上司は彼を見て、こう言った。

「ネクタイはどうした?」

「下の階の自分のデスクにあります」。かすんだ目で答えた。

上司は彼をまっすぐに見据えた。

「内容について話をするなら、まずネクタイを締めてくることだ」

これは、その日だけの特別な出来事ではなかった。


仕事量は多かったが、弁護士はなんとかやり遂げた。

しかし、弁護士としてのキャリアを通してはじめて、彼は自分の仕事をするという点で弱い立場に立たされ、無力さを感じた。資格も経験も十分な弁護士であるはずなのに。それに、彼にはもう守ってくれる上司もいなかった。以前の夢のチームが会社を去ってから、半年が過ぎていた。

そんなある日、彼は以前のCEOがダイニングルームで昼食を食べているのを見て、うれしくなった。その元CEOをジャイルズと呼ぶことにしよう。

ジャイルズは解雇されたが、移行の手助けをするために、買収後も短い期間、会社にとどまることに合意していた。彼は弁護士に、ジュネーヴにはまだ二、三か月いるので、そのうち酒を飲もうと言ってくれた。

その午後遅く、弁護士は元CEOのオフィスが建物のどこにあるのかを突き止めた。ジャイルズは自分のオフィスに元財務部長と一緒にいて、弁護士が顔をのぞかせると、タバコを吸いながら話をしようと招き入れてくれた。

彼らはみな、買収のショックと多くの変化を笑い話に変えた。元上司ふたりは弁護士に、今はどうしているのか、家族は元気かとたずねた。

しばらく会話を楽しんだあと、ジャイルズは弁護士を見て、こう予言した。

「君について、ひとつ賭けをしよう。君はこの会社で一年以上はもたないだろう」

実際、弁護士はなんとかこの状況を抜け出す道を探す必要があるとわかっていた。しかし、彼の会社を飲み込んだ買収のプロセスそのものが、抜け出すことを難しくしてもいた。世界レベルで、統合に代わる他の選択肢はほとんどなくなっていた。

ある意味で、これは新しい状況ではない。実際には時間を巻き戻し、一九世紀末の古い秩序に戻るようなものだ。当時、恐ろしい二体の巨人が世界的産業の大部分を支配していた。アメリカン・タバコ・カンパニーとイギリスのインペリアル・タバコだ。この二大企業は短期間ながら合併して、世界的支配をもくろむブリティッシュ・アメリカン・タバコ・カンパニーとなって、中国と日本を含む全世界にすぐさまタバコ事業を展開した。

この怪物のような英米合体企業の影響力は——旧世界と新世界の完璧な統合だ——あまりに大きく、贅沢な市場を支配する独占状態と裁定された。そのため、共同事業は違法とされ、小さな会社に分割された。大手タバコ会社BATもそのひとつだ。実際、中国の君主制が一九一一年に起こった革命で打倒されたあと、新しい共和国は自国のタバコ産業を支配しようとする欧米の野心をはねつけもした。

それから一世紀が過ぎ、タバコ産業全体が崩壊して歴史的な統合モデルに戻ろうとしているように見えた。まるで、資本主義の不可思議な力によって互いに引き寄せられているかのように。そして実際に、日本たばこが弁護士の会社の買収をまとめ上げてからわずか数か月後、イギリスのインペリアル・タバコが、かつてのスペインとフランスのタバコ王朝の子孫であるアルタディスを一七〇億ドルで買収した。

統合は、世界のタバコ帝国を支配する少数の猛々しい巨人たちの——わずかに形を変えた——再編成につながると思われた。

その間も、弁護士のビジネス反開発という新しい役割は続いた。

ＪＴＩはタバコの製造・マーケティング会社で、世界的な基幹ブランドのポートフォリオを選び抜いた地域ブランドとともに売ることに集中した。葉巻やパイプを売ることには興味を示さず、それは年寄りたちの道楽とみなされた。

弁護士にとってそれは、かつて彼のチームがあれほど構築に力を注いだ事業を売却し解体することに、これからの数年を費やすことを意味した。彼はいくつかの流通事業を売却するための法的手続きを監督し、キューバとドミニカのタバコ商標と葉巻工場のいくつかを売却した。

この状況を別の視点から見てみよう。彼は自分が売却に責任を持つことになったドミニカの工場についての数字を調べてみた。その工場には三〇〇人の従業員がいて、全員が葉巻の製造に携わっている。売却のための資料をまとめているうちに、ひとつの数字が彼の前に飛び出してきた。彼は従業員一覧のページを調べ、すべての従業員の人件費の合計額を計算した。そして、それら三〇〇人の給与総額より、自分ひとりが稼ぐ報酬のほうがもっと高いことに気がついた。それは気が滅入る事実だったが、同時に自分は信じられないほど幸運なのだとも感じた。

自分が築き上げたものを分解し、そのすべてを不必要なものにすることが、彼の運命、彼の仕事になり、そうすることで彼はひと財産を稼いでいた。

そして、さらにばかげたことが起こった。

すべての解体を済ませた弁護士は、かつての雇い主であるイギリスの会社の国際事業の——名目上の——社長兼会長に昇進したのだ。スイスオフィスのトップとしての彼のただひとつの役割は、オフィスの閉鎖だった。

イギリスの会社の事業を正式に終了させ、日本の管理下に移行させたのは、社長としての彼の署名だった。彼は一日だけ紙の上での王様になり、王国の終焉を宣言した。それは悲しい、断頭台での処刑にも似た儀式だった。

王様は死んだ。王様万歳！


つらい時期が続いた。

JTIのスタッフが日本に出張する機会があり、多くの弁護士が招かれたが、そのリストに彼の名前はなかった。

このことで、解雇が迫っているのではないかという疑いが強まった。

彼は空港からのタクシーの領収書について上司から呼び出されたときに、災いの前兆を感じ取った。彼は飛行機代に数万ドルを使っていた。それなのにタクシーの領収書が問題にされた？

ところが、実際には昇給が言い渡された。何ひとつ意味を成さない。彼は状況を読み取ることができなかった。

彼は長い時間、とくに日本式のオフィスの方針とスイス式の息苦しさという致命的な文化的衝突について、妻に不平を述べて過ごした。彼は王様の身代金を支払われていたが、つねに不機嫌で不満ばかりこぼしていた。しかし、この産業で同じだけ手腕を発揮できる別の仕事を見つけられる見込みはほとんどなかった。

この奇妙な日々の間に彼が得た希望の光は、妻から家族がもうひとり増えると告げられたことだ。彼は大喜びしたが、その幸せな知らせは次の仕事を探す不安を増すだけだった。

しかし、思いがけなく、R・J・レイノルズの国際本部の代表がスイスへの訪問中に、弁護士に連絡してきて、会いたいと言ってきた。

それは、興味をそそられる誘いだった。RJRはこれまでのところ、統合に抵抗してきた数少ない大手アメリカ企業の一社だった。そして、うまく立ち回ってもいた。アメリカ南部の歴史あるタバコ王朝を構成した会社のひとつで、その国際事業の大部分は日本に買収されていたが、まだ小規模ながらそれなりに成功している事業を維持していた。

RJRの代表は彼に、「レジェンド」が引退するので、その後継者として十分な資格を持つ弁護士を探しているところだと言った。職務については微調整するつもりだが、チューリッヒのオフィスで海外駐在員として働いてくれる人材を必要としているという。

レジェンドとは？　アメリカ南部で活躍してきた称賛すべきベテランのタバコ弁護士で、広範囲におよぶ国際ネットワークを持ち、アメリカのタバコ産業が困難な時期を乗り越えるのを助け、ちょうどこのころに表向きには現役を退こうとしていた。

弁護士はレイノルズ・アメリカンのゼネラル・カウンセルとの面談を打診された。R・J・レイノルズ・グローバル・プロダクツを所有する持ち株会社だ。そのカウンセルのことはジェーンと呼ぶことにしよう。

ジェーンはロンドンで会いたいと言ってきたが、場所は社外だった。

彼女は自分が滞在するホテルを面談場所として指定した。問題ない。少しばかりスパイ小説めいた設定だが、まあいいだろう。弁護士はロンドンへ飛び、飛行機代はレイノルズが支払った。

ヒースロー空港からまっすぐジェーンのホテルへ行き、フロントで彼女の名前を告げたが、まだ到着していなかった。コンシェルジュは彼をホテルのスイートに案内した。会議用の部屋が隣接している。巨大なキングサイズのベッドがあった。この仕事を手に入れるために誰と寝る必要があるのだろうか、と弁護士はいぶかった。

ジェーンは二〇分ほど遅れたので、弁護士はベッドのある大きな部屋で座って待っていた。

彼はそこでタバコに火をつけるという間違いを犯した。ホテルが全館禁煙になっていたことに気づかなかったのだ。彼がスイスに移ったあとに、イギリスでも公共の場所での喫煙を禁じる法律が発効していた。

部屋のなかに灰皿がないことに気づいたのは、タバコの火を消そうとしたときだ。やれやれ。最後にロンドンのホテルに来てから、ずいぶん長い時間が経っていた。

ジェーンが数分後に部屋に入ってきたときには、まだタバコの煙が漂っていた。

彼女はアメリカ北東部のアイヴィーリーグの香りを漂わせていた。彼らは二時間以上話し合った。

タバコの問題について、この産業での彼の経験について、そして、ＲＪＲがどんなポジションを創設しようとしているかについて。レジェンドの代わりを見つけることは不可能だったからだ。

弁護士はかなりの好感触を得て、面談を終えた。もうずっと前のことに感じられる、ヘッドハンターのヘザーとメアリーとの面談のときと同じような手ごたえだった。帰りの飛行機がスイスに着陸したときには、予想どおり、もうレイノルズからの電子メールが届いていて、正式にポジションをオファーしたいと書いてあった。

数日後、ウィンストン・セーラムのレイノルズ本社の人事部から連絡があり、うれしいことに気前のよい報酬が提示された。さらに海外駐在員向けの条件として、子どもの学校、飛行機代などすべては会社持ちになる。彼は国を離れることなく、海外駐在員と同じ条件を確保することができた。こうして、新たな海賊船に乗り込む準備を整えた。

条件で合意したあと、ＲＪＲはかなりの時間をかけて身元確認の手続きを始めた。彼の職歴書を信用したそれまでの雇用者とは違って、ＲＪＲは何から何までチェックした。彼の職務経歴すべてを確認し、中等教育以降のすべての学歴も徹底的に調べられた。これほど厳しい身元確認を受けたのははじめてだったが、隠すことは何もなかったので、積極的に協力した。

そして、無事に契約にたどり着いた。残るステップはＪＴＩを退職することだけだ。

彼はＪＴＩのオフィスへ行き、辞表を書いた。

それから上司の部屋へ行くと、上司は彼に何か仕事の話を始めたが、弁護士は会話を止め、会社を辞めると告げた。

上司はうなずいて、「わかった」とだけ言った。「ありがとう。こちらからまた連絡する」

これは本当に不気味だった。まるで彼の辞職を予想していたかのようだ。

三〇分ほど経って、上司が弁護士のオフィスのドアに現れ、本社から去るように告げた。警備員が彼の荷物とポケットを調べ、携帯電話とセキュリティパスを回収した。それで終わりだった。

二日ほどあとに、退職に関する合意の署名を求める書状を受け取った。退職手当として支払われるものの詳細も書いてあった。すべて彼の有利になるように計算され、ものすごく寛大だった。彼は必要書類を提出し、会社は退職金として五〇万ドルを支払った。条件はなく、議論もなかった
彼は退職の面談にも招かれたが、これもかつて経験したことのないものだった。その面談後、JTIはレイノルズに連絡し、彼は会社の多くの情報に通じていることを知らせた。

退職に関する合意条件のもと、彼は「有給休暇（ガーデニングリーブ）」をとるように言われた。三か月の間、自宅にとどまって何も仕事はしないというものだ。それはおそらく、彼の生涯で最も楽しい三か月だった。一二週間も妻とふたりの娘とともに自宅で過ごせたのだから。彼らは旅行をし、充実した家族の時間を過ごした。

新しい雇用主のレイノルズは、弁護士に最初の一週間をウィンストン・セーラムの本社で新しい役割を学ぶ期間にあてるように言ってきた。グリーンズボロ行きの便を会社が手配してくれた。翌朝、弁護士は朝早く起き、アメリカのタバコ産業の中心地へと飛んだ。二〇〇八年の夏、新しい会社で実際の初日を迎えるため、現地に到着したときには、レイノルズの誰も彼に交通費の領収書を提出するようには言ってこなかった。

ありがたいことに、大きな魚の上には、もっと大きな魚がつねに存在するのだ。

アメリカン・スピリット

アメリカの歴史における最も人気のあるタバコ銘柄のうちのふたつは、ノースカロライナ州のある町にちなんで名づけられた。ウィンストン・セーラムだ。

そこはR・J・レイノルズのタバコ帝国のお膝元である。町にはRJR高校がある。野球チームは、文法的な遊び心が感じられるウィンストン・セーラム・ダッシュという名前だ。通りにはレイノルズ一族にちなんだ名前が多く、目抜き通りはレイノルズ大通りと呼ばれる。

一九〇〇年代半ばのタバコ産業黄金時代に、ブラウン・アンド・ウィリアムソン、ロリラード、R・J・レイノルズの三社がここで繁栄すると、この地域は「タバコロード」として知られるようになった。その道はすぐにアメリカ全土に延び、さらに、弁護士が目にしてきたように、世界の全大陸へと延びていった。

巨大な帝国の中心地だったウィンストン・セーラムは、全盛期を過ぎた都市のように見え、その全盛期も遠い過去になりつつあった。

ダウンタウンの中心部はすたれ、多くの店舗が閉店し、板が打ちつけられていたり、落書きで覆われていたり、質屋に変わったりしていた。明らかに、商業の中心は郊外に移り、都市理論家のジェイン・ジェイコブズが多くのアメリカの都市について予言したような運命に見舞われていたが、それでもまだ大きな医療および学術コミュニティは無傷でここに残っていた。レイノルズはかつての勢いを失い、サラ・リーのようなアメリカを代表する企業は、この土地でのビジネスを閉鎖していたが、今のところはデトロイトと同じ運命は免れていた。

この町のかつての栄光の遺産は、周囲の美しい環境の細部にまだ刻み込まれている。そこには、戦前に建てられた、広々として見事なコロニアル様式の家が立ち並ぶ。テレビドラマ『ドーソンズ・クリーク』を見たことがあれば、まさにその舞台である郊外の風景がそこに広がっていた。

建築業界では有名なレイノルズ本社の建物は、エンパイア・ステート・ビルディングの原型ともされるものだが、そのもっと有名で大きなニューヨークのビルを訪ねたことのある観光客で、ウィンストン・セーラムのビルが、エンパイア・ステートがマンハッタンにそびえ立つ前の、もう少し小さい試作品として建設されたことに気づく人はほとんどいないだろう。

それでも、縮小版とはいえ、見事な建築には違いない。優雅なアールデコ様式の構造で、装飾されたエレベーターと豪華なスペースがある。しかし、この建物はのちに標準となるモジュール式オフィスを収めるために建てられたわけではなかった。そのため、企業のオフィスでキュービクル式が流行になるにつれ、どんどん使い勝手が悪くなっていった。

一九八〇年代、レイノルズ社は拡大してもっと広いスペースが必要になり、隣にRJRプラザビルを建てた。新しい標準的なオフィスビルとして設計され、古い建物と屋根のあるアトリウムでつながっていた。残念ながら、その後、レイノルズは美しいアールデコの宝石のようなビルを閉鎖し、弁護士が訪ねたころはプラザビルだけを使っていた。

弁護士はまだスイスで仕事をしていたが、ここアメリカ南部のプラザビルにも、第二のオフィスを与えられた。

大西洋を横断する長距離フライトのあとで、弁護士はいつも、グリーンズボロ空港に到着するのを楽しんだ。この空港では、飛行機から降りて荷物を受け取ると、地上交通輸送機関を利用して五分以内で町まで行ける。交通渋滞はまったくない。例外的な場合を除き、誰もが温かく陽気に彼と接してくれた。南部特有のホスピタリティはまだ健在だった。その精神の助けも借りて築き上げられたタバコ帝国のいくつかよりも長く生き残っている習慣だ。

ウィンストン・セーラムにはおいしいレストランが少なかった。そのなかで、テーブルにクロスがかかっている店は、ひと握りしかない。しかし、よい店はじつにすばらしい伝統的な南部料理――バーベキュー、ステーキ、チョップ――を提供した。

弁護士のお気に入りは、ホテルの朝食だった。いつも決まって、チキンフライドステーキ〔訳註／牛肉に小麦粉をまぶして揚げるアメリカ南部の伝統料理〕にカントリーグレイビーソース、目玉焼き、ハッシュブラウン、ベーコンを注文した。それを冷たく甘い紅茶で流し込む。ここでは、温かい紅茶が欲しければ、わざわざ「ホット」と言わなければならないところが面白かった。

何年もヨーロッパで暮らしてきたので、カナダ人の彼には、北米に戻ってきて、アメリカの便利さと文化を経験するのは新鮮だった。日曜日にも店が開いている。二四時間営業の店だってある！

ウィンストン・セーラムの気候は、この町に住む人たちと同じで、一年を通じて暖かかった。薄手のコートが必要になる冬でも、本当に寒くなることはなく、間違っても雪は降らない。夏には、暑い日は本当に暑くなる。つまり、魂まで萎えさせるような南部の暑さだ。

かつての開拓者と、それに続いて奴隷としてやってきた労働者たち――暴力的に連行されてきた初期の世代のアフリカ系アメリカ人たち――、そして、アメリカ人の農夫たちは、この暑さと灼熱の太陽に耐えながら、世界的なタバコ需要に応えるために土地を耕し、葉を摘むために腰をかがめ、摘んだ葉を保存し乾燥させてきた。

タバコ農業は、ノースカロライナではまだ活気を保ち、レイノルズはこの地域に大規模なタバコ工場を稼働させていた。信じるかどうかは別として、その工場は、ほんの数キロ先のタバコヴィルという町にある。一九八七年に建設されたこの工場は、最先端の設備を備え、『ニューヨーク・タイムズ』紙でもこう称賛された。「一〇億ドルをかけて建設された新工場のそれぞれの機械で、毎分八〇〇〇本のタバコを製造できる。十二月までに、七二台の機械でフル稼働を始めれば、毎分五七万六〇〇〇本の生産量になる。年換算では一一〇〇億本になり、国内のタバコ産業の年間総生産量の約二〇パーセントを占める」

フレッド・フリントストーン〔訳注／一九六〇年代に放映されたアメリカのテレビアニメ『原始家族フリントストーン』の主人公〕は、ウィンストンを吸っていた。NBCは『キャメル・ニュース・キャラバン』というニュース番組を毎晩放送していた。ついでながら、この番組はジョニー・カーソンが司会を務める番組のすぐ前の時間帯だった。象徴的な『アイ・ラブ・ルーシー』は、もともとはフィリップモリスがスポンサーで、なんと、ルーシーも彼女の友人も全員タバコを吸っていた。

タバコロードはウィンストンとセーラムだけでなく、キャメル、ニューポート、ケント、クール、バージニア・スリム、ドラール、ラッキーストライク、そして、そう、弁護士のお気に入りだったバンテージなど、アメリカを代表する多くのタバコが生まれた土地だ。

この地域は、ジェフリー・ワイガンドがブラウン・アンド・ウィリアムソンで研究開発担当の責任者をしていたころに、一時的に拠点にしていた場所でもある。彼を一躍有名にした『シックスティ・ミニッツ』出演より前のことだ。

ワイガンドがブラウン・アンド・ウィリアムソンでの経験を『シックスティ・ミニッツ』で暴露したこと、とくに会社がタバコのニコチン含有量を上げていたことについては、一九六四年の公衆衛生局医務長官の報告書によって始まった流れの変化に勢いを加え、基本和解合意の成立を助けた。この合意による二〇〇〇億ドルの懲罰的支払いは、衰退するアメリカのタバコ産業に追い打ちをかけた。そして、「産業」という語を使うときには、実際には三大タバコ会社のことを意味していたのだ。大企業ではあるものの、統合が進むにつれ、アメリカに残る大手タバコ会社はこのわずか三社だけになった。

それは、親密な集まりだった。近くのバージニア州に本社を構えるフィリップモリス、ウィンストン・セーラムのレイノルズ・アメリカン、そして、グリーンズボロの「一発屋」、ロリラードだ。ロリラードはただひとつのブランドで知られるタバコ会社と言える。ロリラードの「ニューポート」は、アメリカで最もよく売れるメンソールタバコの地位を維持している。そして、公平を期していえば、これは信じられないタバコだ。

これら三大巨人がアメリカのタバコ市場の大部分を支配していた。巨大な利益を含む栄光のすべてとともに、憤りと痛みも背負っている。

弁護士がレイノルズに移った二〇〇八年の夏には、南部を代表するタバコブランドのひとつが、タバコ広告禁止にもかかわらず、アメリカのテレビで驚くべき復活を遂げていた。すべてはＡＭＣ

の連続テレビドラマ『マッドメン』のおかげだ。このスタイリッシュで画期的なドラマはその一年前に放送が始まった。一九六〇年代初めの架空の広告代理店が舞台で、最も価値あるクライアントである「ラッキーストライク」を満足させようと奔走する。『マッドメン』はタバコロードとニューヨークのマディソン街の広告業界との歴史的な関係を詳細に描き出した。南部から北部への資金の流れ、そして、急速に進化する広告媒体を通じて、その資金がアメリカの大衆文化に与える強大な影響力を追った。

番組はアメリカのタバコ産業に予想していなかったものをもたらした。俳優たちは実際に本物のタバコを吸っていたわけではないにせよ、テレビ画面に魅力的な喫煙者をよみがえらせ、結果的に世界中の数億もの視聴者がテレビ画面を通して喫煙場面を見ることになった。ドラマの評判はすばらしく、賞と称賛が続いた。タバコの黄金時代は過去のものになったかもしれないが、ドラマのなかでその時代が復活し、アメリカの視聴者を楽しませた。

弁護士がRJRで新たな役割に就いて間もない会議のひとつで、重役用会議室のテーブルの上に、タバコを入れた巨大なボウルが置かれていた。輝きを放つ未開封のタバコの箱が入っている。弁護士はそのボウルに手を突っ込んで、どんなブランドのタバコがあるかを確認してみた。一番上の箱の下をさらに探っていくと、ナチュラル・アメリカン・スピリットがあった。驚いたことに、一番下にはひと箱だけバンテージがあった。マーケティング担当重役は、弁護士がその箱を取り出して、フィルム包装をはがすのを見守っていた。

「バンテージを吸うのはあなただったのね」と、その女性重役は微笑みを浮かべて言った。「このブランドはよくわからないわ。市場シェアは一パーセントで、広告の後押しもないのに、プレミアム価格をつけている。それなのに人々はこれを買い続けていて、その理由が私たちにはわからない」

バンテージはマーケティングの謎だったかもしれないが、ナチュラル・アメリカン・スピリットはそうではない。『マッドメン』の主人公であるクリエイティブ部門の天才ドン・ドレイパーなら、ナチュラル・アメリカン・スピリットの広告をどう扱っただろうかと想像せずにはいられない。結局のところ、このブランドはタバコ産業がどの方向に向かうのか、その可能性を示すブランドだった。

一九八二年まで時代をさかのぼろう。ニューメキシコ州の三人の男がシンプルなアイデアを思いついた。オーガニックのタバコの葉を使って、できるだけ自然のままの、できるだけ化学物質や添加物を使わないタバコを作るのだ。彼らの会社は新興企業で、そのアイデアは賢かった。彼らは手巻きのタバコを荷車に載せて売り歩いていたわけではないが、大手のタバコ会社に比べれば、質素なビジネスだった。独自のタバコ製品を開発した独立した企業だ。

彼らのブランディングは、パイプを吸っているアメリカ先住民の男性のイラストを使う大胆なものだった。もちろん、アメリカの開拓者が設立した会社が先住民をブランディングに使うのは、現在の市場なら破滅につながりかねないアプローチだ。しかし、一九八〇年代には、この製品は大手ブランドに代わるものとして、ヒッピーやニューエイジの喫煙者たちに支持された。ジョニ・ミッチェルやショーン・ペンのような有名人が、誇らしげにアメリカン・スピリットを吸い始めた。この新興ブランドは、大手タバコ会社の注意も引いた。

二〇〇二年、レイノルズはアメリカン・スピリットを製造していたサンタフェ・ナチュラル・タバコを買収し、この小さなヒッピーブランドにマーケティング力と経験を注ぎ込んだ。期待どおりに売上は急増した。それは、タバコ産業の統合傾向を示す格好の例だったと言える。大きな魚は小さな魚を餌に、さらに大きくなる。

皮肉な側面もある。ナチュラル・アメリカン・スピリットは、有名ブランドに代わるタバコとして開発された。ファーマーズ・マーケットに相当するようなタバコで、スーパーマーケットで売っているような製品よりも、高価でおしゃれな製品を提供していた。

マーケティングも複雑だった。

レイノルズは顧客によりよい――添加物が少ない――製品としてこのタバコを売り込もうとしたが、そのメッセージをダイレクトに伝えることはできなかった。なぜなら、これがタバコであることは変わらず、明らかに体によいものではなかったからだ。健康的で安全なタバコというものは存在しない。そのため、レイノルズは消費者が火をつけて煙を吸う製品について、健康的であると宣伝することはできなかった。

公衆衛生局医務長官の報告書以来、ニコチンに代わる製品や代替品を探して開発するという点で、アメリカのタバコ産業は「積極的だった」と言えば、それはかなり控えめな言い方になる。世界中のタバコ会社の重役たちが、R&D部門に魔法の新製品の宝探しをさせていた。レイノルズでも、R&Dチームが何年もの時間と費用をかけて、自分たちの特効薬となるような製品――「プレミア」――を開発したことは有名だ。この製品の開発の過程と失敗については、ブライアン・バローとジョン・ヘルヤーの調査報道書『野蛮な来訪者』(有料ケーブルテレビ局HBOでテレビ映画化もされた）でも取り上げられた。この本は弁護士のお気に入りの一冊になる。

「プレミア」は煙の出ないタバコで、一九八八年に一か月だけアメリカ市場に出回ったが、すぐに販売中止になった。結局、レイノルズはプレミアで一〇億ドルほどの損失を出したと見積もられる。これは他のすべてのタバコ会社にとって貴重な警告ともなり、いわばタバコの幽霊物語だった。

それ以来、タバコ会社が安全な代替品を必死に探しているというのは秘密でもなんでもなくなったが、これまでのところ、顧客はその選択肢のどれも気に入らなかった。弁護士が北アイルランド工場をはじめて訪れたときに、R&Dが成し遂げようとしていたことを思い出してほしい。「変更はする。ただし、何ひとつ変わってはいけない。顧客はまったく変化を望んでいないのだから」というものだ。

それが、ナチュラル・アメリカン・スピリットの長所であり挑戦でもあった。一般の喫煙者はまだ、火をつけて燃やすタバコを吸っていたが、添加物はあまり含まれていないと告げられる。カナダでは、かなり早い段階で、銘柄リストから外された。カナダ保健省はナチュラル・アメリカン・スピリットのマーケティングとブランディングを禁止したが、多くの国はそれに続かなかった。

アメリカン・スピリットはアメリカで人気が出て、世界的にも流行になった。メイド・イン・USAの製品が世界中に出荷された。そして、弁護士が新たな船に乗り込んだのは、その時期だった。

彼はR・J・レイノルズ・グローバル・プロダクツの事業部門に国際的な法律顧問サービスを提供することができた。そのため、それなりの成功を収めているこの新しい高級ブランドのために、タバコロードとグローバルビレッジを結ぶ橋の支えになった。

彼はこの仕事を楽しみ、飛行機でウィンストン・セーラムに飛ぶときには、アメリカ南部の文化に親しむことを――たいていは――楽しみもした。

文化的には、南部は本当に違っていた。

ユダヤ系カナダ人である弁護士は、宗教や政治的信条について多くを質問され、物事を自分の内に秘めておくことをすばやく学んだ。

たとえば、中絶についての彼の意見――彼は中絶合法化に賛成だった――には、不快な笑いが返ってきた。国民皆保険についての彼の考えは、さらに多くの笑いを誘った。なぜ政府が無料の医療保険を提供しなければならない？　丁重にお断りしますよ。

ありがたいことに、彼がユダヤ系であることは、驚くほど好意的に受け入れられた。人々はそれが、イエス・キリストを信じはしなくても、彼が神に仕える者であることを意味すると考えた。

同僚との会話はこんなふうに進む。

「どの教会に通っている？」

「教会には行きません。スイスで働いているので」

「ああ、なるほど。スイスではどの教会に？」

「通っていません」

「それは、なぜ？」

「ユダヤ人なので」

「ああ、そうか、どのシナゴーグだい？」

誰もがユダヤ教の専門用語と枠組みを知っているようだった。彼らはユダヤ教の大祭日が何であるかを知っていた。ここでは信仰を持つことが重要なようだった。それが、弁護士に職業人としての背景、彼の核となる価値観を与えている。同僚たちはキリスト教徒であるかどうかよりも、神を信じる者に信頼をおいた。実際に、同僚の多くは食事前に感謝や祈りを捧げる。彼は周りに合わせてテーブルを見下ろすようにしていた。

アーメン。彼は宗教的価値観のテストには合格した。

残念ながら、スポーツに関しては、サッカーの話はまったく出てこなかった。ここにいる男たちはNASCARのカーレースとバスケットボールに夢中だ。グリーンズボロ地域にプロのスポーツチームは存在しないが、地元の大学チーム「ウェイク・フォレスト」のバスケットボールの試合を見るためにチケットを買う。

ここは昔ながらのイギリスのタバコ会社ではなかった。タバコ会社を装う日本政府でもなかった。ここはR・J・レイノルズだ。溶けてしまいそうな強い日差しを浴びながら、屋外でくつろぎ、ミントジュレップをすすり、バーベキューに備えて腹を空かせておく。

弁護士が滞在するホテルは、ウィンストン・セーラム・マリオットと呼ばれていた。エレベーター係さえいるホテルで、アフリカ系アメリカ人のその男性は、たしか本当にウィンストンという名前だった。ウィンストンは毎日、弁護士に対して信じられないほど親切だった。弁護士は、重役室にいるのはすべて白人で、町にいるサービススタッフの多くや、タバコヴィルの工場で働く従業員は、アフリカ系アメリカ人だと気づいた。

南部は、人種分離政策は撤廃されたという通知をまだ受け取っていないかのように見えた。この疑いが、同僚との会話のなかであふれ出した。同僚たちはほんの少数の例外を除き、敬虔な、神を畏れる共和党支持のキリスト教徒で、オールド・サウス・クール・エイド、あるいはミントジュレップを好んで飲んだ。

ジョージ・W・ブッシュがまだ大統領だったが、二期目の任期の終わりに近づいていた。一方では、シカゴの若い上院議員が派手な主張をして目立ち始めていた。バラク・オバマが全米各地を回り、「立ち上がれ（Fire It Up——火をつけろ）！」演説をしていた。もしあなたが喫煙者なら、「火をつけろ」のフレーズを面白おかしく感じただろう。実際に、オバマは喫煙者だったが、大統領になるためなら、たとえ自分はタバコ好きであっても、タバコ業界への攻撃を妨げようとはしないだろうことは、南部の人間はみなわかっていた。オバマは大手タバコ会社にとって、地平線に現れたもうひとつの雷雲にすぎなかった。

ワシントンDCが南部の都市であることは、忘れてしまいがちだ。ヒラリー・クリントンが大統領夫人になるまで、ホワイトハウス内での喫煙はずっと認められていた。奨励すらされていたと言えるほどだ。ヒラリーはホワイトハウスでの喫煙を禁じ、そう、葉巻でさえ許されなくなった。

ある晩の夕食で、弁護士は南部の大手タバコ会社の役員を務める人物とおしゃべりをしていた。弁護士は彼に、次の大統領選挙では誰に投票するつもりかと、丁重にたずねてみた。明らかに、これはたずねてはならない質問だった。

相手は影響力のある、アイヴィーリーグで教育を受けた人物で、必須であるMBAも取得していた。そしてフォーチュン二五〇に名を連ねる企業の役員を務めている。彼はナイフとフォークを置いて、恐ろしい顔つきで弁護士を見つめ、こう言った。

「〇〇〇〇をホワイトハウスに送り込むことなどありえない」

弁護士は冷静さを保とうとしたが、彼の言葉は衝撃だった。この人物は業界では弁護士より先輩で、実業界の影響力あるリーダーでもある。弁護士は突然、自分の考えの甘さを思い知った。彼はこの種の無知がまだ存在していることも、そうした人種差別的な中傷を、遠回しな言い方をせず、あからさまに発言する人がいることも信じていなかった。このことは、弁護士に警鐘を鳴らした。ここ南部では、ひと皮むけば醜さが現れる。

だからこそ、レジェンドに会って晴れやかな気分になった。彼は、新しい文化環境のなかで弁護士が必要としていたバランスを与えてくれた。

レジェンドは新しいタバコ会社であれ、他のどのタバコ会社であれ、弁護士がそれまで出会ったどの弁護士とも違っていた。

最初にレジェンドに会ったのは二〇〇一年、まだイギリスの会社の下っ端弁護士だったころに、ウィンストン・セーラムに長距離出張したときのことだ。

当時、弁護士の会社はR・J・レイノルズとスイスでの共同事業の交渉をしていた。メアリーがその交渉の筆頭弁護士で、彼は書類に署名がなされたあとに両社の関係を管理する仕事をたまたま与えられた。レジェンドはスタイルも人としての中身も際立っていた。

アメリカ企業の法務部門の大部分は、まるで制服があるかのようだった。アイロンをきかせたチノパンツに、高級な襟つきシャツ、ジャケット、時にはネクタイというのが定番の服装だ。ところが、レジェンドは絞り染めのTシャツを着て、片耳にいくつもピアスをつけていた。髪はややぼさぼさで、長い顔、唇からしばしば大きな葉巻が垂れ下がっていた。同僚たちは彼の堂々とした長い顔を、よくジョー・キャメルになぞらえた。レジェンドはニューヨーク出身のユダヤ系だった。公民権運動を支持し、表現の自由という概念を非常に真剣にとらえてもいた。

弁護士はすぐに彼への親近感がわいた。

二〇〇一年のその一週間に、彼はレジェンドをよく知るようになった。この種の交渉は、書類一枚に署名して終わりにはならない。やるべきことがたくさんあり、彼らはかなりの時間を一緒に過ごした。

弁護士がはじめてレジェンドのオフィスを訪ねたとき、デスクの上に何冊ものポルノ雑誌がこれみよがしに置いてあるのが目に入った。当時、レジェンドは六十代前半だったが、若々しくエネルギッシュで、よく響く声をしていた。レジェンドと話すと、ラジオのアナウンサーと会話しているような気分になる。

「どうしてこんな雑誌がここにあるのか不思議に思っているのだろうね?」弁護士がポルノ雑誌に気づいたのを見て、レジェンドはいたずらっぽく片眉をつり上げながら言った。「私は世界で最高の仕事をしている。この会社は職場で読むポルノ雑誌のお金も払ってくれる。なぜだか不思議に思うだろうね。基本和解合意以降、これが、我々が合法的に広告を掲載できる最後の雑誌だからだよ。読者は成人だと保証されているからね。十八歳未満はこうした雑誌を買うことができない」

レジェンドのオフィスには別のものもあった。ゴルフ練習用の小さなパッティンググリーンだ。彼は映画『ボールズ・ボールズ』から抜け出してきた実物大のゴルファーのようだった。それから、積み重ねられた大量の紙。レジェンドは、人によっては「古い人間(オールドスクール)」と呼ぶような人物だ。デスクの上にコンピュータを置いてすらいない。

驚くにはあたらないが、レジェンドは同僚たちを動揺させた。彼は南部の紳士然とした典型的なプロフェッショナルではまったくなかった。実際のところ、まったく別の伝統を背景に持つ、不作法で騒々しい、ニューヨークのユダヤ系の弁護士だった。そして、そう、彼は南部の小さなユダヤ系コミュニティのメンバーだった（つまり、実際に南部にもユダヤ系コミュニティは存在したわけだ）。彼はシナゴーグに通っていた。それだけでなく、近くの大学でのホロコーストの研究と記録保管プロジェクトにかなりの額の資金援助をしていた。

レジェンドは——驚いたことに——中華料理が好きだった。それで、ふたりはよく一緒に食事を楽しんだ。ふたりには共通点がたくさんあった。レジェンドには弁護士と同世代の三人の息子がいた。それが、彼らの関係性を深める一因ではなかったかと弁護士は思っている。

それからの数年、彼らは親交を深め、会議に参加するための出張で一緒に旅をし、友人同士としてつき合い始めた。レジェンドは弁護士を業界の多くの仲間たちに紹介した。そして、ユダヤ教の大祭日をヨーロッパで過ごすことがあれば、ローザンヌかジュネーヴのシナゴーグでの礼拝に一緒に参列した。

弁護士はレジェンドを師と仰ぎ、そして、レジェンドにずっと見守られていたことを知った。日本企業による買収後、弁護士がスイスのオフィスのデスクで、同僚たちと同じように自分もいつ解雇されるのかと、不安を抱えながら過ごしていたときに、レイノルズに彼を引き入れるように提案してくれたのもレジェンドだったのだ。

レジェンドは業界を隅から隅まで知りつくしていた。そして、つねにこの業界とその南部のルーツを守ろうとしていた。彼は一九七〇年代後半にレイノルズで働き始めたので、「プレミア」の時代にもそこにいた。国際事業を日本たばこに売却したときにもそこにいた。基本和解合意でも役割を果たし、ニューヨークで交渉のテーブルに着いて、州の司法長官たちと渡り合った。

うわさによれば、こうした会議のひとつで、彼は交渉の最中にジョー・キャメルのマスクを取り出して顔につけたという。その突飛な行動のために、解雇される寸前までいったらしい。それも、彼が「レジェンド」と呼ばれた理由のひとつだ。

「我々はみな刑務所行きだ」。レジェンドが大声をとどろかせた。

それは、会議の終わりに取引がまとまって握手をするときに、彼が好んで使う決まり文句だった。彼が使ったもうひとつの締めの言葉は、より内輪ネタに近いもので、「バミューダで会おう」だった。バミューダは、交渉が行き詰まったときに弁護士たちがよく当事者間の仲裁のために向かう場所だった。契約がまとまったあとでそのフレーズを使うのは、相当の信頼がなければならない。

「我々はみな刑務所行きだ」の意味は自明だ。『トワイライト・ゾーン』で描かれた未来社会のように、法執行機関の人間が現れて、タバコ企業の重役たちを連れ去り、国際法廷で業界の罪について裁判にかける。この一見したところ皮肉っぽいフレーズは、レジェンドがタバコ業界でのキャリアを通じて目にしてきた、現実とは思えない社会的態度の変化に抵抗するための、彼なりの心理的防衛策だった。

レジェンドがこの業界で働き始めたのは、弁護士がまだ生まれる前のことだ。彼は公衆衛生局医務長官の報告書をきっかけに生まれた反タバコ運動の波から派生した、数々の激変を身をもって経験してきた。だから、彼の考えからすれば、「みな刑務所行き」は、タバコ会社の社員にとっての次の論理的帰結かもしれなかった。確かに、社会的迫害が増大することへの恐怖のため、眠れぬ夜を過ごすこともあった。彼の周りで、世界は完全に様変わりした。

弁護士はといえば、彼はこの産業がすでに非難を浴びるようになっていた時期に、この業界に参加した。時々、ヘッドハンターのヘザーとメアリーとの面談でたずねられた質問を振り返ることがあった。ヘザーは彼に、違法なことをすることに不快感がないかどうか聞いてきた。彼の揺るぎない答えは、違法なことをするのは間違いなく不快ということだった。そしてそれが、メアリーが求めていた返答だった。なぜなら、それこそタバコ業界が必死になって育てようとしていたイメージだったからだ。タバコ業界は法を順守し、社会的責任を果たす業界である、というイメージだ。

ところで、それまでの時点で、実際に刑務所に送られたタバコ会社の重役はひとりもいなかった。喫煙に関する訴訟は、刑事裁判ではなく民事裁判で扱われたからだ。

レジェンドは本当に心のなかでは海賊だった。権威に疑いを持ち、現状に挑むという考えを深く信じた、一九六〇年代のアメリカの精神を植えつけられた因習打破主義者だった。一緒に出張に行ったときに、レジェンドはよく弁護士にこう言った。「あらゆるものに疑いを持ち、誰も信じてはならない」

それは、経験豊かな海賊が、自分の反抗精神を弟子に伝えるひとつの方法だった。残念ながら、レジェンドは弁護士が新しい会社で働き始めたその日に、正式に引退した。

弁護士はアメリカ経済の崩壊を目にする、まさにそのタイミングでアメリカに戻った。リーマン・ブラザーズが破綻し、株式市場が暴落した二〇〇八年九月一五日、彼はウィンストン・セーラムの本社にいた。

アメリカにとっても世界にとっても、最悪のニュースだった。

不思議なことに、レイノルズでは誰も、この不況をそれほど心配していないようだった。

結局、タバコ産業は不況の時期を耐え抜く力があるとわかった。その理由はいくつかある。喫煙者は厳しい状況におかれたときのほうがタバコをよく吸う。ストレスと不安から、タバコに手を伸ばすのだ。

レイノルズは利益を上げ、財政的に安泰だった。万一に備えて現金を蓄えていた。社会的に攻撃を受ける業界にとって、天気予報はつねに雨だった。何よりよかったのは、ウォール街に解雇通知が飛び交ってもなお、投資会社はタバコ会社の株を、堅実で頼りになる投資だとみなしていたことだ。タバコ産業は、不確かな時期に富を守ってくれる安全な金庫室になってくれた。

結局のところ、この産業は度重なる攻撃を生き残り、敵対的な環境のなかでも繁栄を続けていた。株式市場の暴落は、資金力のあるこの産業には、ほとんど悪影響を与えなかったかもしれない。タバコ会社はその製品に依存している顧客に奉仕し、つらい時期に彼らの満足中枢を満たし続けた。

弁護士は上層部の会話のなかで、自分たちの個人的投資や確定拠出年金の価値が下がったという話を耳にはしたが、不況が会社や業界に与える影響については誰も心配していなかった。

アメリカのタバコ産業全体への基本和解合意（MSA）——レジェンドがその交渉を助けた合意——の長期的影響を考えれば、これは弁護士にとって驚くべきことだった。この合意が最終的にどんな意味合いを持つかについて、誰も実際には理解していなかった。

表面的には、タバコ産業に対して続く攻撃についてのニュースの見出しを眺める読者は、意図されたメッセージを受け取っていただろう。政府が勝利し、タバコ会社の利益に打撃を与え続け、喫煙率は着実に下がっているということだ。喫煙が禁止される公共の場所がどんどん増え、タバコの値段はどんどん上がり、タバコのマーケティングと広告は劇的に減少した。それに、MSAによって業界は罰を受け続けている。これはまさに旧約聖書の罰にも近いもので、二五年間に二〇〇〇億ドルも国に支払わなければならない。財政的にはかなりの痛手になるはずだ。

MSAは最悪の形のローンだった。支払い終了の期日はない。二〇〇〇億ドルは、基本和解合意後の最初の二五年間に、大手タバコ会社が支払いを求められる推定額にすぎない。実際には、支払いは「永続」する。つまり、これらの企業がアメリカでタバコを売り続けるかぎり、政府への支払いは毎年続く。MSAはアメリカにタバコに火をつける人たちがいるかぎり、効力を持つ。基本的には永遠に、あるいはMSAに合意したすべてのタバコ会社がタバコを製造しなくなるまで続くのだ。

どんな製品にとっても、これは世界滅亡のシナリオだっただろう。

州司法長官たちとの交渉のテーブルに着いたレジェンドや、タバコ会社のために働く他の敏腕弁護士たちは、愚かではなかった。彼らが高給を稼ぐ法務部門のトップの地位まで昇り詰めたのは、理由があってのことだ。みな経験豊かで抜け目がなく、圧倒的な影響力を持つフォーチュン二五〇企業やフォーチュン五〇〇企業を代表していた。

アメリカでのこの種の交渉での課題は、合憲でなければならないということだ。誰もが同じテーブルに着き、礼儀正しく合意の道を探り出そうとしたのも、そのためだ。

合衆国憲法は、言論の自由を明確に定めている。まだ数百万の顧客に愛されている合法的な消費者製品に対して、法律によって違憲となる要求を突きつけることはできない。そのために、この取り決めは法律ではなく「合意」と呼ばれた。「合意」であれば、当事者全員の合意が得られるかぎり、違憲にはならないからだ。

アメリカの大手タバコ会社のトップ弁護士たちは仕事に取り掛かり、州司法長官たちの主張を徐々にそぎ落としていった。彼らが最終的に形作った合意は、自分たちの会社、場合によっては株主たちにとって、純粋に満足できるものだった。一九九八年十一月、当事者すべてが合意文書に署名した。握手が交わされ、レジェンドが「我々はみな刑務所行きだ」とつぶやくところを、弁護士は想像できた。こうして代価が設定された。これが基本和解合意と呼ばれたのは、過去も将来も含め、他のすべての合意を終わらせる合意だったからだ。

次の事実を考えてみてほしい。アメリカでの喫煙率は一九五〇年代半ばにピークを迎えた。当時は成人人口の約四五パーセントがタバコを吸っていた。一九七〇年代までにその数字はわずかに下がり、約四〇パーセントになった。しかし、一九九〇年には喫煙率は三〇パーセントとなり、それからも下がり続けた。二〇〇八年には二〇パーセントに近づいた。それでも、まだ四六〇〇万人のアメリカ人がタバコを吸っていたということだ。

アメリカの多くの州が、公共の場所での喫煙を禁じるプロセスを続け、計画どおりに、タバコの値段は全米で着実に上がり続けた。ニューヨーク州は当時、タバコひと箱の値段を約一〇ドルにまで上げた。これが新しい現実だった。合法的な消費者製品を買うためにもっと多くを支払わなければばならなくなった。

表向きは、タバコ産業はその罪のために罰されていたが、それほど悪い状況ではなかった。確かに、上場されている大手タバコ会社の株価は下がったが、わずかな下落だった。

そして、タバコの値段が上がり始めたのは、税金のためではなかった。それは、MSAの取り決めによる支払いをするための値上げだった。つまり、タバコ会社の弁護士たちは、製品への課税をうまく避けて、アメリカ的な価値観に受け入れられる合意に結実させていた。しかも、MSAによる値上げは隠れた好機にもなった。タバコ会社が稼げる利ざやも大きくなったのだ。

思い出してほしいのだが、かつて工場でタバコひと箱を製造するコストは約二五セントだった。乾燥させた葉と紙の値段だ。ひと箱一ドルで売っていた古きよき時代でさえ、タバコ会社はかなりの利ざやを稼いでいた。MSAのために値上げしたときには、タバコ会社は一度に数ペニーだけ価格を上げた。一ペニーやニペニーならたいしたことがないと思うかもしれないが、数千万箱を製造したときの額を計算してみてほしい。

最善だったのは、非難が向けられる方向だ。一般の喫煙者は決まって、「政府に搾取されている」と考える。しかし現実には、これはチーム努力のたまものだ。政府とタバコ会社の双方が、販売されるそれぞれのタバコの値段を上げていた。

このありそうもない同盟は、常識では理解しにくい結果をもたらした。タバコ会社が売るタバコは減少していたが、ひと箱あたりの利益は大きくなった。タバコ会社はまだ勝ち続けていた。政府にとってはMSAの支払いが歳入を生み出す。政府もまた勝者だった。製品はまだ近所の店で手に入る。そして、アメリカの消費者にとって、タバコはまだ一〇〇パーセント合法の製品だった。

そして、タバコ業界にはもうひとつの恩恵があった。州政府からの訴訟がすべてストップしたのだ。その観点からだけでも、タバコ会社はいまや弁護士に支払う手数料の数千万ドルを節約できた。そして、法廷から完全な廃業を強制される脅威もなくなった。

広告はほぼ不可能になったが、それはすべての競合企業が直面した課題だった。したがって、広告の制限という点では、競争の場が公平になったと言える。

そうした規制によって最も大きな打撃を受けたのは、実際には広告代理店、そして雑誌、文化・スポーツ団体、テレビ局のほうだった。大手タバコ会社からの広告料が入ってこなくなったからだ。アメリカの大手タバコ会社は何十年もの間、マディソン街の広告代理店に高額の広告料を支払い、広告という媒体そのものを大きく変化させる後押しをしてきたが、その広告への依存から脱することができた。業界は年に数億ドルの広告料を節約し始めた。

ある意味で、MSAはアメリカのテレビ画面で繰り広げられる『マッドメン』の物語の完璧で劇的なエピローグだった。広告業界の成長を助けた巨大な大手タバコ会社すべてが、顧客リストから名前を消した。

ウエストハリウッドのサンセット大通りとマーモント通りの角、「クール」なアメリカの中心地に――そこから高級感のあるシャトー・マーモント・ホテルへの道が渦を巻くように続いている――何十年も、「マールボロ・マン」の二〇メートルを超える高さの屋外看板がそびえていた。夢をかなえようとこの町にやってきて、次のパワーランチへと急ぐ数百万の者たちにとって、この夕日を背に立つ幽霊のようなカウボーイは、日の光と同じくらい圧倒的で不動の存在に近かった。しかし一九九九年、MSAの合意に従い、作業員の一団がやってきてマールボロ・マンを解体した。カウボーイはより明るく、革新的な将来を代表する新しいイメージに置き換えられた。アップル社の看板だ。

同じ年、TNT〔訳註／ターナー・ネットワーク・テレビジョン〕はアメリカでの技術開発をめぐる戦いについて描いた初の映画『バトル・オブ・シリコンバレー』を公開した。これらのコンピュータオタクたちが、新しい企業海賊となって、デジタルの大洋から征服をもくろんでいるように見えた。そして、ちょうどいいタイミングで、ハリウッドは『インサイダー』の公開により、タバコ産業に大きな打撃を加えた。映画ではラッセル・クロウがジェフリー・ワイガンドを演じたが、彼は撮影中に一日ふた箱のタバコを吸っていた。のちに『タイム』誌に、自分のタバコ依存について、「中毒性について認めるくらいの分別はあるが、禁煙するほどバカじゃない」と告白した。

タバコ会社とハリウッドの強い結びつきもあって、大手映画スタジオが巨大タバコ会社を公然と非難する作品は、『インサイダー』と『サンキュー・スモーキング』の二作だけだった。

一九七〇代にテレビネットワークがタバコ会社にCM枠を売るのをやめてから、タバコ会社の戦略はおもにハリウッド映画のなかでのプロダクト・プレイスメントに重点を移していた。しかし、MSAの文言はこの点では明確だった。映画でタバコブランドを宣伝することに支出をしてはならない。そうした時代は終わったのだ。

一方、映画のなかでの喫煙という行為そのものは、レイティングシステムに取り込まれた。映画に喫煙シーンがあれば、あるいはヌードシーンや汚い罵り言葉を使うシーンがあれば、自動的にR

（成人向け）指定される。それが、ティーンエイジャーがチケット売り場で偽造IDが必要になった理由のひとつだった。

しかし、本当にショッキングだったのは、MSA後に、アメリカの家庭の居間にあるもっと小さな画面にタバコが復活を遂げたことだ。『マッドメン』の主人公ドン・ドレイパーは、「話していることが気に入らなければ、話題を変えればいい」と言った。アメリカのテレビ画面上での喫煙に起こったことが、まさにそれだった。

アメリカの放送局がテレビ番組での喫煙シーンを減らすことに同意してから一〇年以上が過ぎてから、タバコは驚くべきカムバックを果たした。それは影響力という点で、『X－ファイル』のスモーキングマンや、『ツイン・ピークス』の反抗的なティーンエイジャーたちをはるかに超えていた。この二作品に関しては、午後九時の「分水界」以降に放送された番組だ。つまり、成人向けの内容を含む番組は、午後九時以降にだけ放送できた。

喫煙シーンの復活は、一部の視聴者、とくに子どもを持つ親や、反タバコ派には驚きだったかもしれない。しかし、これが意味を成す理由があった。大手タバコ会社が広告への依存から自由になったのと同じように、HBOも広告から解放されたのだ。

HBO（ホーム・ボックス・オフィス）は、一九七〇年代に生まれた新しいタイプの「上質の」契約者ベースのケーブルテレビ局だったが、十分に成長したのは一九九〇年代になってからだ。そのビジネスモデルは、アメリカのテレビネットワークのように「行儀よくしている」圧力にはさらされない。映画の間にCMを入れなかったからだ。この局は番組の内容を検閲することで広告会社を満足させようとはしなかった。

HBOがエピソード仕立てのドラマ部門を立ち上げたときには、洗練された大人のための、R指定映画に近い、先鋭的な作品づくりを約束した。その先鋭性のひとつは、人々がタバコを吸う世界を見せることだった。

HBOの最初の連続ドラマは一九九七年に放送を開始した『OZ／オズ』だ。刑務所を舞台にした気骨のある一時間もののドラマで、タバコは囚人たちの時間つぶしに使われるだけでなく、代替通貨にもなった。

その後、MSA成立から一年後の一九九九年には、HBOは『ザ・ソプラノズ』の主人公トニー・ソプラノを世界に紹介した。トニーはイタリア系アメリカ人で、大きな葉巻をくわえながら裏社会のビジネス帝国で権力争いを繰り広げる。その帝国は、ビッグ・タバコと同様に栄光の日々は遠い過去になり、つねに政府からの攻撃の脅威にさらされている。

自分のパニック発作について、トニーは新しい精神分析医にこう語る。「人生を最初からやり直せたら、と思ったが……気づくのが遅かった。……俺の人生は終わりに近づいている。いい時代はとっくに過ぎた」

「大勢のアメリカ人がそう感じていると思いますよ」。精神分析医は共感したようにそう答える。

もちろん、トニーならタバコ産業の現状について簡単に話すことができただろう。

『ザ・ソプラノズ』は、この時代の最も高く評価されたテレビ番組と広くみなされていた。斬新なドラマで、主人公のアンチヒーローは、契約ベースのテレビ視聴という新しいモデルにアメリカの視聴者を誘い込んだ。トニーはタバコの煙を吐き出しながら、西洋資本主義の本質について、苦労して手に入れたギャングの知恵を実践する。「時には相手に、自分が実権を握っているという幻想を与えておかなければならない」

二〇〇七年に『ザ・ソプラノズ』のファイナルシーズンが終了し、代わりに『マッドメン』がそのスタイリッシュなタバコの煙とともにやってきたとき、ネットフリックスという、経営不振からの脱却を目指していた風変りな会社――それまでは郵便を使ったDVDの宅配レンタルサービスを提供していた――が、インターネット経由で直接オーディエンスにコンテンツを届けるストリーミングサービスの提供を始めた。

ネットフリックスもまた、定期契約ベースの配信サービスで、HBOと同じように、おもに広告なしの映画を配信した。しかし、ストリーミングを始めて一〇年もすると、HBOやAMCにはできなかったコンテンツの提供を約束した。エッジがきき、古いネットワークの価値観や広告の圧力で内容をトーンダウンすることのないエピソードコンテンツだ。事実、ネットフリックスはテレビ局であると装うことすらしなかった。これは「プラットフォーム」であり、その拠点はワールド・ワイド・ウェブ（WWW）だった。

インターネットについてはMSAでは言及すらされなかった。そして、ドットコムの宇宙の拡大する集合体のこととなると、タバコを見せることや広告や映像に関しては何のルールもなかった。これはタバコ業界にとってよいニュースだった。

弁護士がウィンストン・セーラムに定期的に通い始めたころ、タバコ業界はMSAから一〇年を経過していた。そのころは、レイノルズ・アメリカンの時価総額は約四〇〇億ドルと、強さを保っていた。その数字はアメリカのタバコ会社では第二位だった。フィリップモリスはさらに十分な資金を蓄えていた。

ここでひとつ事実を告げよう。アメリカの三大タバコ会社すべてが、州司法長官たち、レジェンドのような弁護士たち、そしてアメリカ資本主義の精神のおかげで、公衆衛生局医務長官の警告とMSAという大波をうまく――最小限の注意しか引かずに、滑らかに――乗りこなした。

しかし、ひとつ疑問がある。どちらがより効果的だったのだろう？　番組の合間に流れるタバコのCMか、ドン・ドレイパーが番組のど真ん中で、セックス後、あるいは大きな契約を勝ち取ったあとで、ラッキーストライクを吸うクール極まりないシーンか？　うわさによれば、ラッキーストライクの売上は、『マッドメン』放送中には五〇パーセントも増加したという。

MSAによって、テレビCMでタバコが宣伝されることも、映画でプロダクト・プレイスメントが使われることもなくなってからも、タバコ会社はこの合意の一方の当事者としてきっちりと責任を果たしていたが、タバコの煙は大きな影響力を持つ媒体に再び流れ込み、人気の新しいテレビ番組のプラットフォームはいまや世界中で消費されている。二〇一〇年には、アメリカの喫煙率は二〇パーセントをやや下回るあたりで横ばい状態を保っていた。言い換えれば、四〇〇〇万人以上がまだタバコを吸っていた。

アメリカの二一世紀幕開けのエピソードでは、反タバコロビー、政府、そしてタバコ会社がすべて勝者だった。タバコのパラドックスが自由の国全体で浮かび上がり始めた。

レイノルズは国内外で繁栄を続けていたものの、弁護士は世界を股にかけた自分自身のタバコの物語は、終わりに近づいているとわかっていた。

一般的に、企業上層部の海外駐在員の最終的な目標は、外国市場に参入して、効率的に運営するオフィスを開設し、最後にはその仕事を任せられる現地の有能な人材を見つけて、自分を不要にすることだ。結局のところ、海外駐在員をおくと費用がかかりすぎる。

ポイントはこうだ。スイスにいる間、弁護士は週に二日か三日は、会社の経費でチューリッヒのホテルに泊まることが多かった。

彼は海賊というよりは宇宙飛行士のような気分で、スイスの衛星オフィスにひとり浮かび、この場所にあとどれくらいいられるだろうかと考えていた。

その通りに、一年半ほどが経ったところ、レイノルズは彼のポジションに地元の人材をあてることを決定した。彼は段階的に役割を減らされた。アウフ・ヴィーダーゼーエン、オー・ルヴォワール、チャオ、さよならスイス。

次はどこへ航海するのか?

会社は彼に、家族とともにウィンストン・セーラムに完全に移ってきてはどうかと言ってきた。彼は妻と話し合ったが、ふたりともその移動には気が進まなかった。彼らには文化が違いすぎる。どうも、しっくりこない。

彼は別の選択肢を検討するため、契約書の細かい内容を調べなおしてみた。すると、彼が退職するときには、望むところどこへ行くにも、そのための費用を会社が負担するという条項が見つかった。彼と妻はそれについて話し合い、今度は北に向かうのがいいだろうと決めた。

そこで、ウィンストン・セーラムに飛行機で飛ぶ代わりに、彼は辞表を出した。わだかまりはまったくなかった。

彼は企業内弁護士として、最高法務責任者を除き、昇れるかぎり最も高い地位に届きそうなところまで昇り詰めた。社内でのこの高い地位でさえ、退職の手続きは入社のときとまったく同じで、淡々としてスムーズで、摩擦はゼロだった。何年も前のロンドンで、ヘッドハンターのヘザーが最初の面談の間、静かに氷入りの水をすすっていたことを思い出した。

あの氷水とよく似ている。淡々として冷たい。サインをして、固い握手を交わし、礼儀正しく微笑む。お会いできてよかったです。よい仕事をしてくれて感謝しています。さようなら。

期待はするな

あなたはトロントへ行ったことがあるだろうか？　世界はここにある。

弁護士が妻とふたりの子どもたちと一緒にピアソン国際空港に降り立ち、入国審査官にカナダのパスポートを見せて通過したとき、彼は無職の三十六歳だった。

「おかえりなさい」。入国審査官がそう言った。

彼は一八年間、外国暮らしを続けた。最初は大学のため、次にはジャーナリズムの世界で働くため、そしてロースクールに通い、専門法律事務所に勤め、タバコ会社の弁護士として旅を続けた。独身者としてこの町を出て、二〇一〇年の今、家族を連れて戻ってきた。同時に、歴史上で最も議論を呼んだ業界のひとつで働くという経験も、静かに持ち帰った。

彼は企業海賊として七つの海を航海した。今、弁護士は髑髏（どくろ）印の旗を降ろし、赤いカエデの葉の旗を掲げた。

ありがたいことに、カナダの南端にある故郷の町は、彼が離れていた間に様変わりし、活気に満ちたコミュニティと世界中のほぼすべての国からの文化的DNAで満ちあふれていた。おかげで、ここ「ザ・シックス」――この町の最も有名な輸出ブランドのひとつとも言えるミュージシャンのドレイクが、トロントをそう呼んだことで有名だ――では、好みの食べ物を何でも食べられる。

イランの食べ物は――ある。モンゴルのカフェは――ある。エチオピア料理は――ある。ベトナム料理は――どの街角にもある。スシも同じ。ナイジェリア料理、ペルー料理、ロシア料理？　もちろん、ある。イタリアンは――もう十分だろう。イタリアのどの地域の料理だって食べられる。中華料理は――おいおい。チャイナタウンのお気に入りの点心の店に行けば、五〇ドルでご馳走を買える。

しかし、「ザ・シックス」は以前からこうだったわけではない。トロントはその歴史のほとんどを通じて、保守的な町として知られていたが、弁護士が生きてきた時代に、新しい筋肉をいくらかつけ加えたようだ。活力と影響力でグローバルビレッジと結びついている。

多くの点で、トロントはウィンストン・セーラムとは正反対の活力があった。ダウンタウンの中心地がにぎわう国際的なメトロポリスで、さらに急成長を続けている。弁護士はすぐに、町並のなかに多くの建設用クレーンが突き出し、数百もの新しい集合住宅の開発が続いているのに気づいた。弁護士がまったく覚えていない地域もいくつかあった。その拡大する都市のなかに、未来的なCNタワーがそびえていた。この先に明るい未来が開けているように感じさせる。

もちろん、この町にもまだ喫煙者はいたが、見つけるのは難しくなっていた。町のなかの消えゆく歴史的建造物とよく似ているように思える。古い煉瓦の壁は取り壊されていく。

これは、カナダ――偉大な達成については謙虚であることが多い国――が静かに世界の反タバコ運動のリーダーに変化していたからだ。

彼と妻はトロントの緑豊かな高級住宅地で新しい生活を始めた。『トロント・ライフ』誌や『マクリーンズ』誌を購読するようになってすぐに、社会の態度の変化を感じた。彼は長く使ってきたノキアの携帯電話を下取りに出して、私的なコミュニケーションツールとして人気のあった新しい製品を買った。iPhoneだ。この携帯電話のおかげで、食料品店の列に並びながら、『グローブ・アンド・メール』『ナショナル・ポスト』『トロント・スター』、それにCBCニュースの見出しをざっとチェックできる。なんとも便利だ。

しかし、彼らの新しい生活には便利とは言えないこともひとつあった。イギリス、スイス、そしてアメリカ南部では、彼がタバコ会社で働いていても、誰もとくに気にかけなかった。それがここでは、夫妻は新しい仲間たちからはっきりと非難されていた。娘たちが学校に転入すると、学校の集まりで、保護者のひとりが彼に仕事は何をしているのかたずね、その答えを聞いて叱りつけた。

彼自身の家族の何人かでさえ、憤慨していた。バル・ミツバー〔訳注／ユダヤ教の成人式にあたる行事〕で、年上の親類から追い詰められた。この親類も企業弁護士として大きな成功を収め、尊敬を集めていた。他の人たちが家族の近況について報告し合っている間も、この男性は弁護士に不愉快な、見下すような言葉を投げつけ、タバコ産業の害悪をずっと解説していた。そうした悪質な産業で働くのは不道徳である。基本的に、そんなキャリアは絶望的な過ちである、法律を職業にすることへの侮辱である。

「君は自分自身を恥じるべきだ」。その親類はずばりと言った。

レジェンドが、「我々はみな刑務所行きだ」と、がなる声が聞こえるような気がした。

弁護士は親類からの罵りを受け止め、こっそり外に出てタバコを吸った。しかし、それでさえ、カナダでは難しくなっていた。もうかなり前に、屋内の公共の場所での喫煙が禁じられ、次にはパティオでも禁止になり、いまやゆっくりと一服するには、路地に隠れるしかなかった。市民の冷たい非難の目と、赤い丸で囲んだおせっかいな「禁煙マーク」を避けるために。

その社会的公正を求める風潮は、弁護士夫妻にとってはまさに不意をつかれた形だった。最初のうち、弁護士はただそれを無視しようとしたが、その起こりに興味を抱きもした。社会的な風潮は、彼がこの町で育ったころとは大きく変わっていた。

何がこの劇的な変化を引き起こしたのだろうか？

カナダの大部分の地域がそうだったが、タバコの好みという点では、トロントでは植民地時代のイギリス文化の深い根が、どういうわけかアメリカ市場という巨大な隣国からの強い影響のなかで生き残っていた。

カナダ人はハリウッド映画に群がり、アメリカの音楽を聴いて踊り、アメリカのテレビ番組を見て、アメリカの新聞や雑誌を購読する。しかし不思議なことに、彼らはまだイギリスのタバコを吸っている。ここでは、ロスマンズ、プレイヤーズ、デュ・モーリエが人気のタバコブランドで、まだ女王の肖像が印刷された通貨で購入されている。

悪く言うつもりはないのだが、彼のカナダ人の同胞は、彼らが選んだブランドの起源についてはあまり多くを知らないようだった。

弁護士はフランス系カナダ人の喫煙者たち、とくにデュ・モーリエを吸う男たちと偶然出会うとうれしくなった。機会があるたびに、デュ・モーリエはイギリスで女性向けのタバコとして始まり、イギリスでは二五年間も製造中止になっていたのだと教えてやった。カナダの多くの喫煙者は、デュ・モーリエはカナダの主要ブランドだと思っていた。

ひとつのブランドから視野を広げて産業全体の風景を眺めてみれば、世界的な傾向がここにも見られる。カナダには、本当のカナダのタバコ会社は残っていない。統合の流れは――規制とともに――ここでも同じだった。

カナダには大手タバコ会社が三社あったが、今はそのすべてがもっと大きな多国籍企業に所有されている。デュ・モーリエとプレイヤーズを製造しているインペリアル・タバコは、イギリスに本社を構えるブリティッシュ・アメリカン・タバコの所有だ。エクスポートAのメーカーのマクドナルドは、ご存じのようにスイスに本社がある日本たばこインターナショナルが所有している。そして、ロスマンズ・ベンソン・アンド・ヘッジスは、やはりスイスに本社があるフィリップモリス・インターナショナルが所有している。

カナダ国内では、インペリアル、マクドナルド、ロスマンズ・ベンソン・アンド・ヘッジスの三大タバコ（と呼ぶことにしよう）は、この広大で資源豊かな国の全域に強大な影響力を持っていたが、カナダのタバコ黄金時代はもうずっと過去のものになってしまった。これらのタバコ会社の影響力も、顧客基盤が縮小するとともに明らかに衰退している。弁護士はオフィスビルの陰で、さびしく時間を過ごす喫煙者たちを盗み見た。宇宙ステーションから外に出て浮遊している宇宙飛行士のようだ。彼自身もそのひとりだったから、それがよくわかる。

弁護士がタバコを買うために街角の店まで行ったとき、彼はタバコが人の目に入らないように金属製のキャビネットのなかにしまい込まれているのを見てショックを受けた。本当に愕然とした。

その少し前に、オンタリオ州で新しい法律が施行され、コンビニエンスストアにタバコを陳列することが禁じられた。カナダではタバコ広告はしばらく前に違法になったので、カウンターの後ろの目の高さに置かれたタバコは、消費者がかつてはどこにでもあったブランドを直接目にする本当に最後の場所だった。

いまやその貴重な最後の窓が閉じられてしまい、喫煙者はどのブランドを買うべきか、あるいは買えるかどうかさえわからなくなった。彼はドライブチームのベンのことを思った。何年も前に、コンビニ王国の陳列棚のタバコの配置をせっせと変えていた、あのベンだ。目の高さに置いて目立たせる。そんな手法も使えなくなってしまった。

弁護士はタバコ産業のために数十の国を旅し、それぞれの国でタバコに関する法律や規制が変わっていくのを目にした。しかし、これほど喫煙者に対して冷たく、不寛容な環境は見たことがなかった。

では、ひとつの国が人口全体の社会的行動を変えるには何が必要だったのか？

カナダは、そのためには数十年におよぶ集中的努力、莫大な資金、多方面での戦略、そして断固たる決意が必要であることを証明した。このゲームは長期戦だ。

国を挙げての、協調体制での、持続的な取り組みを通してのみ、政府は比較的短い期間――ひと世代ほどの期間――で社会的な態度を根本から変えることができる。実際には、弁護士がそれまで生きてきた時間とちょうど重なる。

しかし、カナダの反タバコ戦略の起源は、彼が生まれる前にさかのぼる。

それは一九六〇年代の、カナダの成人の半数以上がタバコを吸っていた時代に始まった。一九六三年の夏、アメリカの公衆衛生局医務長官が介入するより前に、カナダのジュディ・ラマルシュ保健大臣が非常に勇敢なことをした。彼女は下院の議場で立ち上がり、喫煙と肺がんを結びつける証拠があると発表した。彼女の発言は小さな波を引き起こし、その一年後に公衆衛生局医務長官がアメリカに悪いニュースの爆弾を落としたときには、すでに十分な勢いを得ていた。

このタバコに関する新しいストーリーに結びつくのは、一九六〇年代のカナダの医療保険改革だ。カナダは当時主流だった、民間の保険会社が市民に医療保険を提供するというアメリカのモデルとは別の方向を選んだ。その代わりに大々的な変革に乗り出し、最終的に市民の医療費を国が負担することにした。一九七〇年代までに、すべての州と領土が何らかの形の公的医療保険制度を採用していた。弁護士が生まれたときからカナダの保険証を持っていたのはそういうわけだ。

その後、一九八四年にカナダ保健法が成立し、ほとんどのカナダ人がすでに受け入れていたことが法制化された。自分たちの医療サービスの大部分の資金にするために、税金を支払うということだ（カナダ人にとっては驚きと失望だったが、歯科は除外された）。

もちろん、この国民皆保険制度は、喫煙がこれほど多くの市民の健康に与えるダメージとは相いれない（それに、カナダ人が自費で歯のニコチンによる黄ばみをきれいにすることとはまた別だ）。政府の調査結果が発表され、タバコ使用について集めた情報が分析され、戦略が形成された。

弁護士が一九八五年ごろに、小学校の体育館での記憶に残る禁煙講習に参加したころには、成人の三分の一がまだタバコを吸っていた。

それからの二五年間に、カナダはさらなる労力と資金を投入して市民に働きかけ、タバコから手を引かせた。それは予備的な法律制定から始まった。連邦のオフィスや国営航空の飛行機は禁煙になった。これらの法律は喫煙者の移動をコントロールし、彼らの振る舞いを正させ、少しずつ、喫煙に対する大衆の態度を変えるプロセスの始まりになった。

弁護士が国外で暮らしている間に、カナダのタバコ会社は製造するタバコの箱に、タールと一酸化炭素量を表示することが義務づけられ、世界中のR&Dラボでたくさんの口を持つ機械を使ってそれを定期的に計測した。その後、法制化の目標は、国の若者に明るく健康な未来を与えることになった。それによって、十八歳未満にタバコを売ってはならず、タバコの自動販売機も撤去せざるをえなくなった。それらは違法になったからだ。子どもたちは自販機にコインを入れるだけでタバコを手に入れることができなくなった。

次にはブランドへの攻撃が始まった。タバコの箱には健康被害の警告を大きな黒と白の文字で印刷することが義務化された。「喫煙はあなたの命を奪います」「タバコには中毒性があります」「タバコの煙は子どもたちに有害です」。弁護士は、故郷の家族と一緒に過ごした休暇からロンドンの大学に戻ったときに、イギリスの友人たちにカナダで買ったタバコの箱のやたらと大きい警告文を見せてばかにしたことを思い出した。

カナダ政府はタバコ産業を徹底的に調べ上げ、三大タバコ会社が押し戻してくる前に、どれだけ追い詰められるかを探ろうとした。一九九七年のタバコ法が最大の攻撃だった。これは当時では、世界で導入されたなかでもとくに攻撃的な反タバコ法で、すべてのタバコ広告とスポンサー契約を禁止した。アメリカが禁煙に舵を切るよりずっと早かった。

弁護士が十代のころは、トロントの町をうろついていると、デュ・モーリエ・ジャズ・フェスティバル、ベンソン・アンド・ヘッジス・シンフォニー・オブ・ファイアー（花火大会）、そして、マチネ・ファッション・ファウンデーションが主催する授賞式のショーなどで、ロゴにタバコの名前を組み入れるブランディング方法をよく目にした。これらの人気のイベントや祭りに、タバコ会社がスポンサーとなって数百万ドルの資金を提供していた。

三大タバコ会社はついに、一丸となって反撃に出る決断をした。

そのために、提案された法案をめぐり政府を法廷に引きずり出した。それによって、連邦政府とタバコ産業の間に残っていた表面的な友好的態度ははかなく消え去った。法廷論争はカナダ最高裁にまで持ち込まれ、三大タバコ会社の敗北に終わった。最高裁は政府の側についたのだ。

新しい千年紀（ミレニアム）が始まると、カナダは新たな「タバコ戦略」を立ち上げ、まもなく、タバコの箱に健康への悪影響についての警告文を絵入りで印刷することを法制化した世界ではじめての国になった。

これらの目に焼きついて離れない、恐ろしい画像が、それぞれの箱の面積の五〇パーセントを占めた。「喫煙は生殖不能の原因になります」。ある警告文はこの簡単な文言に、役に立たない生殖器のようにタバコが下向きに垂れ下がっている大きな写真を使った。賢く効果的で、一度見たら忘れない警告になった。

写真を使った大きな警告は、革命的だった。消費者史のその時点で、世界の資本市場では誰ひとり、一〇〇パーセント合法な人気の消費者製品がこのように扱われるのを目にしたことはなかった。

カナダはその方向へ世界を動かす先導役となり、四二の国がタバコの箱への絵入りの健康警告を義務化した。

そして、カナダはいつも一歩先を行っているように見える。テレビでのタバコのCMを禁止しただけでなく、独自の禁煙広告を制作して、かつてはタバコ会社が利用していたプライムタイムのCM枠で放送した。これらのCMのひとつでナレーションを務めたヘザー・クロウは、煙が立ち込めて青っぽく見えるレストランで何十年もウェイトレスとして働き続けた。クロウは肺がんと診断されたが、生涯で一度もタバコを吸ったことがなかった。「今、私は死にかけています」と、彼女はカナダの人々に淡々と訴えた。

これは個人が発する力強いメッセージだった。

そして、支援体制もできあがった。クロウの話を聞いてあわてた喫煙者は、禁煙ホットラインに電話することができた。

カナダのいくつかの州では、医師たちが患者に無料のニコチン代替薬を提供し始め、依存症研究での世界的リーダーである依存症精神保健センターも、トロントのニコチンクリニックで同じことをした。

カナダ政府は製品を排除するための戦略を続け、戦いに勝利した。

弁護士一家が北部の新しい家での生活に慣れ始めたころには、カナダの喫煙率は戦前のレベルに戻る最低水準の二〇パーセント以下にまで落ち込み、さらに下降を続けていた。

たいていのカナダ人はカナダのタバコ産業で働くには厳しい時期だと思っていただろうが、タバコのパラドックスはここでも姿を現し始めた。

政府が人々に禁煙させるために使ったメカニズムのひとつは、法律や規制よりもはるかに大きな議論を引き起こした。税金である。

一九八五年には、タバコひと箱は約一ドルだった。それ以来、カナダ政府はほぼ毎年、年に一度のペースでタバコの税率を上げた。時には年に数回のこともあった。二〇一〇年には、タバコひと箱の値段は税込みで一〇ドルを超え、まだ上がり続けていた。タバコは贅沢品になり、もちろん、そうした税金により州や連邦に毎年数十億ドルが入ってきた。かなりの大金だ。

しかし、値上げには間違いなく効果があった。一般の喫煙者は可処分所得を直撃され、タバコを買いづらくなった。世界保健機関（WHO）もこの戦略を認め、すべての国が取り入れるべきだと奨励した。

弁護士が十分に理解したように、問題は、税金を上げてもそれで禁煙する喫煙者はほとんどいなかったことだ。確かに喫煙者の数は減ったが、たいていの人は欲しいものを手に入れるために、要求される額を単純に支払った。

そして、想定外の負の影響もあったことを忘れてはいけない。タバコ税を上げたことが、闇市場を刺激した。スペインのピカピカに磨いた靴を履いた男と、国境を越えてやってくる得意客を思い起こしてほしい。

依存症は力強い動機になり、喫煙者はいつもタバコを手に入れる道を探し出す。

増税は三大タバコ会社にとって――アメリカのタバコ業界にとってもそうだったように――政府が税率を上げるたびに、基本となるひと箱の値段に数セントを加える隠れた機会を与えもした。喫煙率が激減しても、三大タバコは以前よりもひと箱あたりの利益が増えた。それだけではない。責めを政府に負わせることができる。つまり、この北部地域でもまた、誰もが勝者だった。

消費者だけは違う。彼らはいつも敗者だ。

タバコのパラドックスはカナダでもスムーズに進行しているようだった。ひと箱の値段は上がり続ける。喫煙者の割合はゆっくりと減少する。禁煙マークは増え続ける。政府はタバコ税からの莫大な歳入を得る。

その後、弁護士を本当に驚かせる、ふたつの別々の出来事が起こった。

まず、カナダでのタバコへの社会的態度が、彼に影響を与えた。

そして、カナダ人はタバコ会社に対する訴訟で勝訴し始めた。

禁煙者は、実際には本当にタバコをやめるわけではない。もう吸わないというだけだ。しかし、人々がみなタバコをやめられないというのは事実ではない。何百万もの人が禁煙に成功している。

カナダに戻ってしばらくして、弁護士は最後のタバコを吸おうと決めた。はじめてタバコを吸った同じ場所で、その最後の一本を吸うことにした。両親の家の裏口で、何年も前にタバコに火をつけたガレージが見える場所だ。

そのはじめてのタバコの経験は、高校に入る前のことだった。それから、大学時代に本数が増えてチェーンスモーカーになり、やがてチャンピオン・スモーカーになった。たいていの喫煙者とは違って、彼は一〇年間、無料でタバコを供給され、喫煙習慣を信じられないほど助けてくれる環境で働いた。生活のために職業としてタバコを吸う人間がどれほどいるだろう?

禁煙する方法はたくさんある。パッチ、ガム、薬、レーザー、催眠療法、セラピー、電子タバコ。

弁護士が禁煙を決めたとき、彼はいきなり完全にやめるという荒療治を選んだ。彼はそういうタイプの男だった。アレン・カーの『禁煙セラピー』〔阪本章子訳、ロングセラーズ、一九九六年〕を使いすらしなかったが、あなたも禁煙しようと思うなら、この本は力になるだろう。弁護士も、この本が教える方法には効果があると聞いてきた。

しかし、この本を使う代わりに、彼はギャンブルを思い浮かべ、自分が勝つ確率を考えた。これほど多くのタバコを吸ってきたあとで何が起こるのか、本当に知る者は誰もいなかった。喫煙はギャンブルだからだ。

これは喫煙者がプレーするゲームだ。

あなたは確率の問題を扱っている。あなたの体は、タバコの煙の効果にどのように耐え抜くのか。しかし、人によって確率は異なる。それほど単純ではない。真実を言えば、あなたはまったく報いを受けずにすむかもしれない。もし報いを受けるとしても、それは禁煙してから何年も先のことかもしれない。喫煙の悪影響は必ずしもすぐに感じられるわけではない。痛みはずっとあとにやってくる。人によっては、まったくないかもしれない。これをギャンブルとみなす理由はそこにある。

それを考えると恐ろしかったが、弁護士は自分には勝てる見込みが十分にあると思った。

彼はタバコ産業で働き、ひと回りして出発点に戻り、両親の家の裏口に立って、最後のタバコを吸っている。今回、彼は両親から隠れなかった。何といっても、彼はタバコ業界のために働いてきたのだから！

今回は、両親ではなく子どもたちから隠れていた。

子どもたちの前でタバコを吸ったことは一度もない。禁煙しようと思った理由のひとつがそれだ。彼が認識するかぎり、子どもたちは彼がタバコを吸う姿を見たことがないはずだが、将来、必ず負ける会話を彼らとしたくはなかった。

「パパ、自分の命を奪うようなことをなぜするの？」

彼の法律の訓練も、長い年月をかけて築き上げた企業弁護士としての経験のどれも、このための準備をさせてくれなかった。彼は子どもたちに対しては、それらのスキルを使うことができなかった。

子どもたちは学校で、タバコ会社は怪物だと教えられていた。タバコは人を殺す。反タバコ教育、とくに小さな子ども向けの教育は、伝えるメッセージがどんどん厳しく、明確になっていった。

カナダで二〇年をかけて進められたタバコ規制は、きわめて影響力が大きかった。隠れる場所はなく、両親の家の裏口でさえだめだった。彼はもうタバコは吸えないと感じ、吸ったときには悪いことをしている気分になった。公共交通機関を利用しているときに、座って『ペントハウス』を読んでいるようなものだ。周囲の人たちは不審そうな、時には非難するような目でこちらを見る。

友人やつき合いのある人たちも、同じような、「なぜあんな業界で働くことなどできるんだ？」と言いたげな態度だった。

人々の独善的な態度が彼と妻を悩ませた。彼は何も悪いことはしていないし、不法なことをしてもいない。ただ家族と一緒にスイスからカナダにやってきただけなのに、彼の喫煙とキャリアがすべての人にとって大きな問題になってしまったようだ。だから、彼はタバコをやめることにした。

彼はタバコ業界で働き始めたあの最初の日から、タバコ製品の依存性は克服できないものではないと信じていた。妻と母親からのプレッシャーで、永遠にタバコをやめると決意したとき、彼はただ喫煙をやめた。それだけだ。

彼は最後の一本を吸った。煙を吸い込んで、吐き出した。それからタバコをもみ消して、これで終わりだと自分に言い聞かせた。

しかし、アレン・カーが言うほどには、禁煙は簡単ではなかった。


問題は、離脱症状が耐えがたいものだったことだ。

何よりもまず、彼はものすごい量を食べ始めた。喫煙によい点があるとすれば、食欲を抑える効果があることだ。ランウェイを歩くモデルたちが煙突のようにタバコを吸うのは偶然ではない。彼は体重が増え始めた。

不眠ももうひとつの問題だった。

およそ半年の間、彼は毎晩、真夜中から午前三時まで天井を見つめ続けた。離脱症状のつらさのため、眠ることができない。ひどい二日酔いがずっと続くような感じだ。真夜中から午前三時に最悪の恐怖がやってきて、想像力をむしばみ、頭のなかの暗闇でダンスをしている。人々が「魔の時間」と呼ぶのももっともだ。

今日に至るまで、彼が夜通し眠れることはない。再び夜通し眠れることはもうないかもしれないとあきらめている。

しかし、体への好影響はすぐに現れた。

呼吸が劇的に楽になった。

嗅覚と味覚も劇的に改善した。たとえば、他人が吸っているタバコのにおいを以前より敏感に感じるようになった。

心拍数が減少したことにも気がついた。

あまり汗もかかなくなった。日中はまったく汗をかかない。

それでも、何より恋しく感じるのは、タバコの煙を吸い込んだときの、口のなかやのどの奥を通る一酸化炭素の感覚だ。これはまだはっきりと覚えている。

缶入り炭酸飲料を飲むときの感覚に似ている。炭酸飲料はのどの奥をヒリヒリさせる。それとよく似ているのだ。結果として、彼は毎日、四~八本のソーダ水を飲むようになり、炭酸水を週に三~四ケース買った。

煙が肺に入っていく感覚はもう得られない。火をつけたタバコの暖かさも。それに代わるものはない。電子タバコではだめだ。ニコチン代替薬も役に立たない。タバコはタバコだ。喫煙者がこの製品で経験する愛憎関係、快楽と痛みの関係を説明するのは不可能だ。実際に、それは火を吸うことであり、地球上で最も喜ばしい娯楽のひとつだった。体に悪くさえなければ、彼は一日中タバコを吸うだろう。

この非常に特異な製品を使用した場合に、最終的にどんな影響があるかはまだわからない。タバコを吸って、その場で心臓発作を起こして死んだ人がいただろうか？　業界で働いている間、彼はそんな事例があったと耳にしたことがない。それが起こるのは、長期にわたって持続的にこの製品を使ったあとのことだ。

これはゲームであり、ギャンブルだ。最終的には、あなたは自分の命を賭けている。

弁護士は、リチャード・ドール博士がイギリスの数千人の医師たちの喫煙習慣について調査してくれたおかげで、喫煙がギャンブルだと知った。

ドール博士は信じられないことに、調査対象の医師たちをその後も追跡していた。五〇年間もこのグループを追い続け、したがって、生涯にわたる喫煙が人間に与える影響について、他の誰よりもよく知っていた。善良な医師は、この長い喫煙研究に基づいたいくつかの報告書を発表した。

そして、ドールが最初の報告書を発表してから五〇年後、彼と同僚は、二〇〇五年のドール自身の死の数か月前に、一連のシリーズの最終巻となるものを発表した。それまでに、彼はオックスフォード大学での顕著な働きに対して女王からナイトの称号を与えられた。大学には彼の名前をつけた新しい建物が建設され、彼の死後まもなく完成した。

ドールが生涯にわたって、タバコを吸うイギリスの医師グループと連絡をとり続けたことで明らかになった、非常に悪いニュースのいくつかを紹介しておこう。

これらの医師の半数は、喫煙に関連した病気で死亡した。死亡した人たちの半数はまだ中年期の年齢だった。基本的に、ふたりにひとりが喫煙により死亡した。死因は肺がんだけではない。二〇以上の命にかかわる病気が喫煙と関連づけられている。タバコはあなたの命を奪う。まだ中年期のうちにあなたを殺すかもしれない。喫煙を原因とした死は、さまざまな恐ろしい形でやってくる。

しかし、明るいニュースもある。弁護士が両親の家の裏口で禁煙を決めたのは、ドールの後期の発見がもたらした明るいニュースのためだった。

その明るいニュースというのはこれだ。

ドールと彼が追跡していた喫煙者の医師グループによれば、喫煙の習慣をやめて健康な生活を送れるかどうかが決まる期限が存在した。

ドールは、三十五歳かそれより前に禁煙した人は、身体を本質的に修復するチャンスがあることを発見した。もしその年齢までに禁煙すれば、体は健康を取り戻し、喫煙を始める前の九八パーセントのレベルまで回復する。それによって心臓発作や肺がんになる可能性は、非喫煙者と同じ程度になる。

これは力強いデータだ。

ドールの研究は、三十五歳が分かれ目にはなるが、禁煙するのに遅すぎるということはなく、いつからでも好影響が現れることも明らかにした。

彼の研究によれば、平均的な喫煙者が最後までタバコを吸い続ければ、一一年分寿命が縮む。しかし、五十歳でやめれば、その一一年を取り戻せる。もし七十歳で禁煙すれば、何年分かは取り戻せる。

健康面での改善はすぐに、誰にでも、喫煙年数にかかわらず現れる。

ドールの最後の報告書が出たとき、アメリカの公衆衛生局医務長官はその最新の発見内容を公表する同じだけのエネルギーを持たず、他のタバコ会社も同じだった。なぜ医務長官や大手タバコ会社はこのニュースに同調しなかったのだろうか？

まあ、理由は明らかなように思える。

タバコ会社はそのニュースを強調したくなかった。ドールの発見は、タバコ製品の影響が誰もが思っているよりも悪いことを示すからだ。保健当局もその研究に注目を集めたくはなかった。三十五歳まではタバコを吸っても安全だと解釈されるおそれがあったからだ。その年齢まで吸い続ければ、依存症になっているか、簡単に禁煙できなくなっているかもしれない。

それで弁護士の決意が揺らぐことはなかった。彼はドールの研究を何年も追っていた。結局のところ、大手タバコ会社での彼自身のキャリアに大きな責任を持ったのは、ドールと公衆衛生局医務長官だ。実質的にすべてのタバコ関連法や規制は、健康被害に関する研究をもとに正当化されてきた。つまり、最終的には公衆衛生局医務長官の報告書とドール博士の発見をもとにしている。今回、弁護士は彼らの話を聞くことにした。

禁煙を決めたとき、彼は三十七歳だった。ドールの示唆した年齢を二歳だけ超えていた。そして今、彼は一一年分の寿命を取り戻したかった。だから彼らの話を受け入れることにした。そして、信じると決めたからには、それをあきらめることができなくなった。それが今日まで、再びタバコを吸うことを押しとどめている。

離脱症状の苦しみはやがては消えてくれた。彼の場合、それまでに数か月がかかった。ニコチン離脱症状は治まったが、残念ながらそれが終わりではなかった。

まだタバコを吸いたくて仕方がなかった。喫煙がもたらす感情と快楽という側面の強い記憶は決して消え去りはしなかった。のどの奥がヒリヒリする感覚、食事後の一服が与えてくれる満足感をまだ忘れられなかった。タバコを吸いたいという感情が薄れることはない。それが真実だ。

それでも、何年か過ぎると、タバコについて考えることは少なくなっていった。しかし、まだ考えることはあり、一年に一度か二度は誘惑にかられる。そうした瞬間には、取り戻そうとしている一一年のことを考えた。それを失う覚悟はできていなかった。

彼はドールの約束を信じ、タバコに手を伸ばそうとするたびに、それが彼を押しとどめた。妻とふたりの子どもたちのとがめるような態度も、傷つきはしなかった。正直なところ、妻と子どもたちの存在が大きかった。彼は彼らを愛し、できるかぎり彼らと一緒に生きていきたかった。

愛がなければ、命はゆっくりとした自殺に変わってしまうのだろうか？　最終的にはそれが喫煙の結果なのかもしれない。陳腐ではあるが、彼は愛を選び、この新しい誓いを――二度とタバコを吸わないという誓いを――守り抜くことにした。

カナダでは、弁護士が知るかぎり、これまで地球上のどこでも起こったことのない特異な出来事が起こっていた。

始まりは一九九八年ごろのケベックにさかのぼる。アメリカで基本和解合意が成立したのと同じ年だ。この年、ケベック州の喫煙者数千人を代表するふたつの集団訴訟が始まった。

形を成すまでに二〇年以上がかかったが、最終的にこのふたつの訴訟は、カナダのタバコ会社にとって不利となる致命的な結果をもたらした。二〇一五年、ケベック州の判事は深刻な健康被害――咽喉がん、心臓病、肺気腫など――を発症したり早期に死亡した喫煙者に有利な判決を下した。そして、道徳的損害、罰則的損害補償として約一六〇億ドルの支払いを三大タバコ会社に言い渡した。もちろん、これらの企業は控訴した。

その時点で、カナダ連邦政府は完全に特定のタバコブランドのイメージを消滅させていた。すべてのタバコの箱は、ブランドにかかわらず同一のものになった。色は茶色で、ほとんどの箱に恐ろしく見える健康被害の警告の画像が印刷されている。基本的に、喫煙者にどのブランドを買っているのかを教える唯一の違いは、警告の下に画一的なフォントで印刷されたブランド名だけになった。

一方、カナダのすべての州が、喫煙に関連した病気の治療にかかった数十年分の医療コストを回収するため、三大タバコを訴えることにした。そして、州が勝利を収めようとしているように見えた。

ケベック州だけでも要求額は六一〇億ドルで、オンタリオ州はそれよりも高額の三三〇〇億ドルだった。各州が三大タバコに要求する総額は、ケベックでの民事訴訟のものを含め、およそ五〇〇〇億ドルと推計された。この数字はアメリカで大手タバコ会社が支払うことに同意した二〇〇〇億ドルを上回っている。

二〇一九年、ケベック州の集団訴訟での控訴に失敗したあと、三大タバコはすぐに債権者からの保護を申請し、それが認められると、カナダでのタバコ関連のすべての訴訟がひと休みした。タバコ業界と政府の代表は、（正規の法廷から遠く離れた）静かな奥の部屋で支払うべき大きな数字をはじき出そうとした。どこかで聞いたような話だ。それはどんな数字になるだろうか？

弁護士はこの壮大な法的バトルを大きな関心を持って見守った。

彼は三大タバコの擁護に回ろうとする他の産業がまったくないことに興味を引かれた。結局のところ、この特定の産業に対するカナダ政府と州からの攻撃は、彼が考えるかぎり、どんな犠牲を払ってでも勝利を収めることを目指していた。既存の法律に効力がないことがわかると、政府は単純にそれらを修正した。ブリティッシュ・コロンビア州が最初の訴訟を起こしたときには、州の敗訴に終わった。そこで、州は単純に新しい法律を成立させ、再び提訴し、何の驚きもないが、今度は勝訴した。このやり方は民主的と言えるのだろうか？　その判断は難しい。弁護士はそのときに起こっていたことを、究極の官僚主義的な社会正義とみなしたが、その結果は革命的なシナリオにつながる可能性があった。

おそらくカナダはタバコ産業を破綻させ、したがってタバコのパラドックスを終わらせる世界最初の国になるだろう。

もしそれが現実になるとするなら、それが起こる場所は、間違いなく反タバコ戦略の世界的リーダーであるここカナダになるはずだ。

それでも、これまでの資本主義の歴史を振り返ってみれば、その究極の終焉が本当に実現するかは疑わしかった。あまり期待はしないほうがいい。弁護士はそう思った。

公の場に隠された広告

弁護士が禁煙してから数年後のある午後、彼は娘へのプレゼントを持って家に帰った。それは世界中の有名ブランドのロゴを集めたステッカーのセットだった。

コカ・コーラ、ナイキ、フェラーリなど、世界を代表する企業のロゴのステッカーだ。

娘がパッケージを開けて、なじみのあるロゴを床に広げ、それぞれをチェックし、あれこれ動かし、どれがどの企業のものかを誇らしげに言い当てるのを見て、弁護士は満足した。娘はほとんどのロゴを知っていた。

ところが、マールボロのステッカーに目を留めると、娘はその赤い背景に白い屋根の形のロゴのステッカーを手に取って、父親の目の前に掲げた。

「これは何、パパ？」

娘はそのロゴが何で、何の製品と結びついているかがわからなかった。

それは弁護士にとって驚くべきことだった。彼は唖然として幼い娘を見つめた。娘は小さな手にステッカーを持ったまま、父親を見上げている。

弁護士は、そのシンプルなロゴが何の商品を表しているのかを娘に教えるべきかどうかさえ、わからなかった。

二〇一九年末、マールボロのメーカーであるフィリップモリス・インターナショナルのCEOが主流メディア各社の一連のインタビューに答え、彼も会社も、喫煙者が禁煙することを望んでいると発表した。

フィリップモリスは先を見据え、「煙のない将来」を夢見ている、と彼は述べた。これは控えめに言っても驚くべき発言だった。まるでCEOが、自分の会社が終わることのないタバコのパラドックスにとらわれ、そこから抜け出すことを望んでいると認めたかのようだった。

BBCニュースの『ハードトーク』のインタビューでは、番組の司会者から、なぜタバコ産業は黙って自ら廃業しないのかとたずねられ、そのCEOはやりこめられた。廃業こそ、喫煙者にタバコを吸い続けることをあきらめさせる最善の方法ではないのか？　それこそ、なすべき正しい行動ではないのか？　司会者は憤りをぶつけた。

CEOは開発に何年もかけた新製品を売っていた。それは、フィリップモリス版の聖杯、つまり「安全な」タバコだ。火をつけて燃やすのではなく、熱を加えるだけのもので、煙の代わりに中毒性のある霧を吸い込む。

蒸気を吸うことと熱するだけのタバコは、ニコチンを届ける新たなフロンティアになっていた。そして、タバコ戦争が続く間も、R&D部門は熱意を持ってより社会的に認められるとともに、利益性のある新しい製品を開発していた。

フィリップモリスがまだフォーチュン二五〇企業に名を連ねていたのは、まったく信じられないことだった。公衆衛生局医務長官がタバコと肺がんの関係を明らかにし、苦しみに満ちた早すぎる死を引き起こす可能性があると公式に発表してから、五〇年以上が過ぎていた。あなたももうおわかりのことと思うが、実際にはほとんどの世界的タバコ会社がかなりの利益を上げている。

社会の最富裕層は一九八〇年代以降、大挙して喫煙をやめたが、世界の経済的エリートを守る組織は、タバコを支持し続けている。投資アドバイザー、金融機関、一兆ドル規模の年金ファンドはまだ、一般の喫煙者にタバコを売るビジネスがもたらす相当の利ざやを享受している。

より深い背景を知りたければ、ブロンウィン・キング博士について調べてみるといい。キングはオーストラリアの放射線腫瘍医で、彼女や仲間の病院勤務者（大勢の医師たちを含む）が貢献している年金プランは、大手タバコ会社に重点的に株式投資していることに気づいた。それを知って彼女はどう反応したか？　彼女は現在、世界の投資ポートフォリオからタバコ会社の株をなくすことを目指す会社のCEOを務めている。しかし、それは非常に困難な仕事だとわかった。

現実には、満足する顧客を持つ産業は、決してただ廃業したりはしない。企業は株主に利益をもたらすためだけに構築されている。それにほぼ例外はない。その意味で、タバコは現代資本主義を支える氷の柱の格好の例となった。そのため、タバコのパラドックスは今後も残り続ける。

タバコはこれまでに大量生産された、最も特異で、とてつもなく速く動く消費財になった。

そして、人間が、人間の使用のために発明した、最も人気のある致死的な製品でもある。実際に、意図されたとおりに使われれば、利用者に有害で、死をもたらす可能性のある製品のひとつだ。

この理由のために、タバコは「特別」と言える。消費者を危険にさらすという点で例外的なのだ。

もちろん、もしタバコが現在発明されていたなら、この中毒性があり死の危険を与える製品は、消費者市場に受け入れられることは決してなかっただろう。間違いなく街角の店で販売されることもなかっただろう。

そして、ここで明確にしておきたいのだが、政府がどんな反タバコ戦略を用いても、消費者に警告するためにどれだけの資金を使っても、それがまだ街角で簡単に買えるという事実が驚きだ。もしある製品を近所の店で手に入れられるなら、あなたの結論は最終的にはこうなるだろう。チューインガムやチョコレート菓子と一緒に売っているタバコが、私にとって本当のところ、どれだけ有害なのだろう?

ニコチンに強い中毒性があり、ドラッグと同じであることを考えれば、この製品が置かれるべき論理的な場所はひとつだ。訓練を受けた医療の専門家の監視のもとで与えられる薬品が保管される場所、つまり地域の薬局である。

どこで売られるかにかかわらず、毎年、何兆本ものタバコがまだ販売されている。政府はタバコとの戦いで大きな前進をして勝利を宣言するには至っていない。タバコ会社は巨額の利益を上げ続けている。

その間も、たいていの人は、タバコに関する議論は現れては消え、大手タバコ会社は敗北したと信じているが、これらの企業は実際には勝利を収めて、強力な世界帝国に統合されてきた。

レイノルズ・アメリカンは二〇一五年に、メンソールタバコの一発屋のロリラードを二七〇億ドルで買収した。同じ年、日本たばこインターナショナルがレイノルズから、ナチュラル・アメリカンの国際事業を五〇億ドルという巨額で買い取った。弁護士が成長を助けたファイルだ。二〇一七年、ブリティッシュ・アメリカン・タバコがタバコロードの一部であるレイノルズ・アメリカンを約五〇〇億ドルで買収した。それで自信を強めている。

反タバコ運動の波と政府による規制の法制化が全世界に広まっても、人口の増加は、歴史上のどの時代よりも多くの喫煙者が存在することを意味する。少なくなるのではない。現在、地球の総人口七八億人のうち、一〇億人以上が喫煙者だ。


タバコがはじめてヨーロッパに紹介されてから、五〇〇年以上が過ぎた。

そして、五〇〇年と少し前には、本当に有名になったもうひとりのドレイクがいた。彼は歌手ではなく、一五〇〇年代半ばころの船乗りだ。

フランシス・ドレイクは人々に恐れられたイギリスの海賊で、スペインのすべての船が彼と出くわすのを恐れた。ドレイクは成人になってからの生涯の大半を海の上で過ごした。スペインの黄金を略奪し、スペインの船を燃やし、敵の植民大国の海軍力に打撃を加えることを得意としたことから、「エル・ドレイク」(ドラゴン)の名で呼ばれた。

ドレイクは農夫の息子だったが、若いころに家出し、ホーキンスという船商人の一家が操業する船団で船乗りとしての腕を磨いた。ホーキンスは植民地の商業と海賊業の間の境界線を曖昧にした。ドレイクの師でありいとこでもあったジョン・ホーキンスが、一五六五年の南米への航海後にイギリスにタバコを持ち帰った最初のイギリス人だ。数年後、ドレイクもいくらかのタバコを持ち帰った。

ホーキンスの一族はドレイクに、道徳的には疑わしい、海洋上を行き来する経済の基本を教えた。彼はすぐにアフリカ人の奴隷を西インド諸島のスペインの植民地に運ぶ密輸に関わり、二十五歳になるころには船一隻の指揮を任されていた。カリブの若い海賊商人の誕生だ。

ドレイクのスペイン艦隊との戦いは凶暴で、しばしば勝利を収めた。ドラゴンは海賊として生きる才覚の持ち主だった。そして海の上での大胆な行動はイギリスの君主、エリザベス女王の注意を引いた。

結局、イギリスはスペインの南米の領有権を尊重しなかった。そして、女王はドレイクの進取の気性に富んだやり方を称賛した。彼のなかに、敵の植民大国を打ち破る機会を見いだしたのだ。ドレイクを後押しするために、女王はすべての海賊が夢見るものを与えた。スペインから略奪し、スペインに損害を与えることを認める王室のライセンス、公式の私掠船としてのコミッションだ。それは、イギリスのシークレット・サービスの、もっと辛辣(しんらつ)な初期バージョンで、ドレイクは与えられた破壊任務を喜んで実行した。

女王に仕えるドラゴンは、他の海洋も探検した。ドレイクはアメリカを横切り、太平洋に到達した最初のイギリスの船乗りで、世界を船で一周した最初の人物でもあった。その途中で、女王の承認を得て、出くわしたすべてのスペイン船やスペインの開拓地を破壊した。

ドレイクが略奪した大量の財宝やスパイスとともに二年後に帰国すると、彼は自分の船の甲板で、女王からナイトの称号を与えられた。彼は海賊の貴族となり、宝の山に「サー」の肩書も加わった。

スペインの無敵艦隊にとって、ドレイクは最悪の敵、盗賊で殺戮者(さつりくしゃ)だったが、実際には、彼は当時の政府の公式な支援と保護を受けて活動していた。海賊であると同時に政府のエージェントでもあり、彼はこの二重の役割に後押しされて、はるか遠くの土地を探検し、夢見た以上の富を獲得した。

海賊は必ずしも見かけどおりではない。時には政府に支援され、政府のために働いている。無法者に見えながら、実際には土地（または海上）の法律に従っている。

消費財産業全体のなかで、このような政府との同盟や保護なしで、タバコ産業が被ったレベルの罰に耐え抜いた業界はない。

タバコ業界はその製品に対する、世界中の医療機関や政府からの数十年におよぶ強烈な攻撃のなかで、なんとか活路を見いだし生き残ってきた。そのただひとつの理由は、同じ政府によって、この攻撃から助けられ、守られてきたからだ。この〝家〟による二重基準が、タバコのパラドックスの源だった。

その動機は何だったのか？　古くから信頼されてきた格言、「金の流れを追え」に従えば、答えに行きつくことができる。

政府がタバコの売上から得る歳入はびっくりするほどの額のまま変わっていない。イギリスのタバコ税からの歳入は平均して年一二〇億ポンドほどになる。アメリカでは、タバコ税による歳入は年間一二〇億ドルほどだ。それには基本和解合意に組み込まれた個々の州へのMSAの支払いは含まれない。

欧米諸国の政府がタバコ税による歳入への依存症に陥っているかどうかをたずねるのは、公正だろうか？

数字が自ら語る。

それでも、ひと握りの国はこのパラドックスを終わらせる方法を積極的に探している。カナダは、訴訟を通してタバコ会社を廃業に追い込めるかどうかを探ろうとしている。もしこれらの訴訟が成功すれば、それはカナダの喫煙者にとって何を意味するだろう？　すでに依存症になっている人たちはどこでタバコを確保することになるだろうか？　喫煙者はいつだってそのための方法を見つけだす。

反タバコ戦略ではやはりリーダーであるニュージーランドは、異なるアプローチを考案した。タバコ業界が破綻した場合にカナダの喫煙者たちに解決策を提供できるものだ。

二〇二一年十二月、ニュージーランド政府は二〇〇八年よりあとに生まれたすべての人へのタバコの販売を禁止すると発表した。つまり、すでにタバコに依存している人たちへの販売は禁止されないが、タバコ会社はそれ以降の世代にアクセスすることはできない。これは興味をそそられる解決策であるとともに、その地域の闇市場の海賊たちにとっても魅力的なシナリオだ。

一方、二〇年近い年月を費やしたが、スイスは二〇二二年にタバコ広告を禁止することが住民投票で支持された。しかし、スイスはまだWHOの「タバコ規制枠組条約」を批准していない。この条約は一八一の国が批准しているが、アメリカは絶対に批准しようとしなかった。

さて、ブータンを覚えているだろうか？　仏教徒が多数を占める東ヒマラヤの小さな国だ。ブータンは一七二九年という早い段階で喫煙を違法にした。現在もタバコを遠ざけ続けている。それがこの国の「国民総幸福量」戦略の一部になっている。タバコの販売はほぼすべての地域で禁止され（ただし観光客はまだ買うことができる）、世界最小の喫煙率約一パーセントを誇っている。

現在のところ、ブータンはタバコのパラドックスにとらわれていないただひとつの国だ。

世界中のほぼすべての国で、今のところは、タバコを吸うことは成人人口にとっては合法的な選択肢にとどまっている。すべての医学的証拠が、喫煙が人間の体にどれだけ有害であるかを示したとしても、自由にタバコを吸うことができる。ほとんどすべての喫煙者がこの奇妙な矛盾を十分によくわかっている。本当に体には悪い製品だが、あまりにも気分がよくなるのだ。

しかし、禁煙を選ぶこともできる。毎年、世界中で約一五〇万人が禁煙に踏み切っている。もしあなたが喫煙者なら、リチャード・ドールが発見したことを考えてみてほしい。彼がイギリス女王からナイトの称号を与えられたのには理由がある。彼の画期的な研究がこれまでにどれだけ多くの命を救ってきたことか。はっきりはわからないが、おそらく数千万人、そしてもっと数は増えるだろう。もしあなたが喫煙者なら、あなたの選択によって、数年間命を延ばすための時間はまだ残されている。

残念ながら、レジェンドはそのひとりではなかった。ニューヨーク生まれのユダヤ系で、南部の弁護士になった彼は、命がつきるその日までタバコを吸っていた。六十九歳のとき、ジムから出たところで心臓発作を起こして倒れた。

ドール博士が肺がんとタバコの因果関係を発見した瞬間から、業界の巨大企業が事実と偽情報を使い、洗練されたマーケティングと広報キャンペーン、不法で不道徳な戦術と合法的な操作を通して、反撃してきたことは間違いない。これについては数十年にわたり、十分に記録され報じられてきた。

興味深いのは、弁護士の旅――彼が業界で出世し、世界を旅してきたこと――が、タバコ産業が達した結論、他者からも支持されてきた同じ結論には達しなかったことだ。

この議論の的になる世界的産業で働く企業弁護士として壮大な旅を続けるうえで、結局のところ、彼の仕事は政府の規制がどんどん厳しくなるなか、雇い主である会社がその規制に確実に従うようにすることだった。そして、彼はいつもルールに従った。最初は敵だと思っていた政府が、同時に同盟者でもあると理解するまでには、長い年月を要した。自分の尾を食べている蛇を描いた古代のシンボルのようだ。

そして、その長い年月を通して、彼が会社のために巡り歩いたどの国でも、誰かが高校の前でジムバッグに入れたタバコの箱を売っているのを目にしたことや、マーケティングや広告の規制を破るように強制されたことは一度もなかった。おそらく、それは彼が二〇〇一年にヘッドハントされた時代までに、この業界に適用されるようになった高レベルの監視や注目の単純な結果だったのだろう。彼が働いたタバコ会社は社会的責任の度合いを示すことが求められ、彼がその下で取り組んだ厄介な法律やコンプライアンスの重荷は計り知れないものだったが、一度として不法なことをするように言われたことはなかった。

弁護士のキャリアはロールシャッハテストのようなところがある。自分のプロとしての軌道をどう見て、どう判断するかが、世界を支配するシステムと力についてどう考えるかを明らかにする。一部の人にとって、企業弁護士としての彼の旅は、陳腐な悪という概念を思い浮かべるだろうし、単純に平常どおりのビジネスとみなす人たちもいるだろう。もしすべての企業が、タバコ業界が経験してきたものと同様の精査を受ければ、私たちもその一部である資本主義のマシンは改善されるだろうか？

もちろん、これは避けられたはずの数え切れないほどの死や、想像を絶する痛みと苦しみの原因をつくり、これからも大勢の人たちに痛みと苦しみを与え続けるだろう産業を表現するときには、ばかげて聞こえるかもしれない。

この製品が合法的な市場で簡単に手に入る状態を続けるというプロセスそのものが、多くの国で資本主義の境界線を緊張させてきた。この製品が生き残っていること自体、変化の激しい、起業家精神にあふれた世界において、我々はほぼすべてのものを革新する意志を持っていながら、資本主義のシステムそのものは例外としていることの証拠なのである。

最終的には、世界のどこで生活しようと、どんな経済的環境であろうと、生涯タバコを吸い続ける人たちは、本当に不幸な人生の終わりを甘受することになる確率が高い。

タバコは文字どおりにも比喩的にも、私たちの心を壊す。

ご参考までにお伝えしておくが、国際弁護士などというものは存在しない。弁護士は法的管轄区域ごとに資格を得る。彼は現在カナダに住んでいるが、そこで弁護士として働く資格は持っていない。それでどうするか？　再び別の海賊船に乗るのか？

まあ確かに、二十六歳でこれほど議論を呼ぶ世界的産業に法律顧問として参加したことは、彼にとって有利に働いた。

彼が蓄積した種類の知識と経験を持ってタバコ産業を去った弁護士たちの多くは、実際には黄金の牧場へと向かった。企業人としての生活から完全に引退し、ゴルフをして、豪勢な旅をし、孫たちを甘やかし、高給のキャリアを通じて稼いだ財産の一部を使っている。

しかし、彼はそうした生活をするには若すぎた。自分にはまだ職業的なキャリアを築く時間が十分にあるはずだ、と彼は考えた。

産業界の最高レベルでの仕事をして、多くの国を仕事で回ってしまうと、その次にやってくるものには名前がある。「コンサルタント」だ。

グレーエリアの産業で事業を展開する企業はたくさんあることがわかり、そうした企業は彼が世界の働きについて何を学び、その教訓を自分たちの製品やサービスでどう生かしてくれるかを知りたがった。

それからの数年間で、彼は法律と事業開発を専門にするマネジメント・コンサルティング会社を設立した。そして、アメリカ全域、イギリス、さらにはスイスにまでクライアントを持った。

議論を呼ぶ産業からも声がかかった。大麻、ギャンブル、オンラインの賭けなどだ。彼は旅行サービス会社の仕事も選んだ。そして、そう、世界で最も有名なポルノ雑誌の買収を考えている投資家からもアプローチされた。それは、かつて彼がレアと一緒に、狭苦しい共有オフィスで、ヘッドハンターのヘザーがどのあやしい産業の代理人を務めているのかを推測していたころを思い出させた。

彼は食用のマジックマッシュルームを製造している新興企業の取締役になるという冒険も楽しんだ。幻覚剤の類は現れては消えていくものだと思っていたが、新しいパッケージ入りの古いドラッグが流行していた。不安を癒し、精神的な旅の入り口へと導いてくれるものとして使われる。彼は自分でもその製品を試してみたが、一種のトリップ効果があり、ブームになっていた。ありがたいことに、彼にはまだ仕事で旅をする機会があった。

しかし、自分自身のコンサルティング会社を運営する欠点のひとつは、会社の経費が使えないことだ。たとえば、飛行機を予約するときには、以前のようにビジネスクラスを使うのはあきらめなければならない。そうした出費は彼自身が支払わなければならないからだ。彼は後方のエコノミークラスの座席に座り、航空会社の機内誌を読むか、新しい出版物を眺めたりするふりをしながら、飲み物のカートがくるのを待った。

通路側の座席のときには、前方のキャビンとの仕切りのカーテンが、フライトアテンダントが通るたびに開いたり閉じたりするのを、ぼんやりと眺めることもあった。自分はもうあのＶＩＰクラブのメンバーとはみなされないが、あちら側で何が起こっているかは細かいことまで何でも知っていた。

信じるかどうかは別として、これだけ飛行機のマイルを貯めこんだあとでも、彼はまだシートベルトを締めて、重い飛行機が滑走路上で加速するときのターボエンジンのスピードと振動をスリリングに感じた。それは彼の想像だったのだろうか、それとも、企業の保護バブルの外に出たために、この後方座席での揺れがより激しかったのだろうか？

その後、車輪が地面を離れ、フィルターを通したきれいな空気が通気システムから緊張した肺に入ってくる穏やかな音が聞こえる、すばらしい瞬間がやってくる。もし巡航高度に達するまでに乱気流があれば、多くの目が点灯するシートベルトサインに集中する。まるで、しっかり見つめていれば、消えてくれると信じているかのように。

彼はシートベルトサインのすぐ横で光っている禁煙マークを見て笑いがこぼれることのほうが多かった。そちらのサインも消えるところを想像してみたが、もちろん、機内での喫煙はもう三〇年近く前――ひと世代前――から禁止されている。

タバコの広告は、今では欧米の消費者市場のほとんどで違法になったが、タバコ産業がまったくコストをかけずに、可能なかぎり広範な人々に喫煙を広告できる巧みな方法がひとつある。

おそらくこれまで実行されたなかでも最もシンプルで効果的な消費者製品の広告キャンペーンと言えるだろう。それは定型があり普遍的で、言語と文化を越え、世界のどこでも、公共の場所や待合エリア、そびえ立つオフィスビルの外、五つ星ホテルにも一つ星ホテルにも、バー、パブ、映画館のロビー、カフェ、美術館、列車、バス、飛行機のなかにも現れる。

それはあっけにとられるほどシンプルだ。ごく普通のタバコのスティックが赤いラインで丸く囲まれ、別の赤いラインがその黒く浮かぶスティックの上を斜めに横切っている。

禁煙マークだ。

それはすべての人に、「ここでタバコを吸うことは**できない**」と思い出させるためのマークだが、喫煙のことを思い出させるマークでもある。

ほとんどの企業は、自社製品を無料で、目の高さで、あらゆる都市のあらゆる広場で宣伝する広告キャンペーンを思い描くことなどできなくなった。ところが、飛行機の機内にいるどの客も、どの都市の上空を飛ぶのでも、エコノミーであれファーストクラスであれ、その製品を使うかどうかにかかわらず、必ずマークが目に入る。

世界中の屋外または屋内の一等地で、ある製品の広告スペースを借りるために、企業がどれだけのお金を支払っているか、あなたは想像できるだろうか？　本当にグローバルな広告キャンペーンは公の場所に隠されている。どんな会社でもこれほど大掛かりなキャンペーンの代価を支払えないだろう。

喫煙はまだ人々の選択肢として残っている。すべての禁煙マークはそのメッセージを伝えている。この瞬間、この特定の場所では選択できないというだけのことだ。

おそらく将来、これらの何百万もの禁煙マークが取り除かれたときに、私たちはようやく、もうタバコは吸えないのだと知るだろう。単純に、喫煙という行動がもう頭のなかに存在しなくなる。

今のところ、近所のコンビニエンスストアの棚の上にはまだタバコがある。たとえ多くの国で、金属製キャビネットの扉の奥や、カウンターの下に置かれ、カーテンの向こうの秘密クラブのようになっていたとしても。

現時点でさえ、時には離陸直後の機内で、操縦士またはキャビンディレクターが、PAシステムを通して型通りのアナウンスをし、乗客に機内のキャビンやトイレでの喫煙は禁止されていると伝えることがある。古いゲームのルールを大声で読み上げ、タバコにとりつかれた乗客が黙々とプレイしているときに、すでにわかっていることをわざわざ告げているかのようだ。

もちろん、それまでにはほとんどの乗客が、すでに機内のエンターテインメントシステムにイヤホンを差し込み、映画やテレビのタイトルを眺め、世界で最も古く最も人気のレシピのひとつを吸収しながら、時間をつぶそうとしているだろう。私たちがみな依存しているもの、ハッピーエンドの物語だ。

謝辞

わがエージェントのサマンサ・ヘイウッドと、トランスアトランティック・エージェンシーのすばらしいチームに、ひとつのアイデアを一冊の本にまとめるために必要となる指針と支援とエネルギーと強い心を与えてくれたことに感謝する。

弁護士と彼の妻、彼の家族、一〇年も続いた会話と彼らの忍耐にも感謝を述べたい。

勇敢な編集者のアランナ・マクマレンが、このプロジェクトを取り組むべき夢にしてくれた。ペンギン・カナダのとてつもなく優秀なチームのみなさん——発行者であるニコール・ウィンスタンレー、パブリシティとマーケティング担当のダン・フレンチとスティーヴン・マイヤーズ、カバーデザイナーのディラン・ブラウン——にお礼を申し上げる。この本の出版権を獲得し、この経験を可能にしてくれたダイアン・ターバイドにも。コピーエディターのアレックス・シュルツとプルーフリーダーのクリッシー・カルフーンも、ありがとう。

大勢の寛大な心の持ち主たちが、さまざまな段階の草稿に、貴重なアイデア、洞察、編集、建設的なフィードバックを与えてくれた。次のみなさんに感謝の気持ちを伝えたい。ジェス・ギブソン、ジュディス・ネルマン、グラハム・ルミュ、メグ・ストーリー、ノーマン・ライト、ジェフ・パーカー、ジェーン・ウォレン、ダニエル・ワインツヴァイヒ、レイチェル・ハリー、マーサ・ハルデンビー、レイチェル・ギース、マーティン・バーク、ダグラス・ナイト、アンドリュー・ウェストル、ヒラリー・ドイル、ダニエル・ゴールドブルーム、アントニオ・デ・ルーカ、リチャード・スターズバーグ、ジェイソン・ローガン、バーナード・スキフ、クリストファー・フラヴェル、ガルヴィア・ベイリー、リチャード・ポプラック、ジャック・シャピロ、マーガレット・アトウッド。

　バンフ・センター・フォー・アーツ・アンド・クリエイティヴィティーズ・リテラリー・ジャーナリズム・プログラムの仲間と講師のみなさんにも感謝している。二〇一二年、彼らの力を借りてクリエイティブなノンフィクション長編を形作ったことが、この書籍化プロジェクトに進化した。そして、バンフ・センターの驚くべきスタッフにもお礼を言いたい。そこで私が過ごした間、サポートし続けてくれた。ジャニス・プライス、ローズマリー・トンプソン、ジョエル・アイヴァニー、メグ・パワー、マリー＝ヘレネ・ダゲナイス、ジェニファー・ノール、エリン・ブラント・フィリター、カイラ・ジェイコブズ、ライアン・マッキントッシュ、ニッキー・リンチ（「やれやれ、今日も終わった」が口癖だった）、そしてジム・オリヴァー。

　そして、支えと励ましを与えてくれた、パートナーのニコールとわが家族、ベルナデット、マーティン、サラ、マーク、レオ。ジョンとマーティン、ジョナサン、レイチェル、ダニエル、ジョシュ。ジョエル、マーク、アシュリー、カイア。みんな、ありがとう。

　最後に、貴重な時間を割いてこの本を読んでくださった読者のみなさまに感謝します。

著　者
ジョシュア・クネルマン（Joshua Knelman）

調査報道ジャーナリストで編集者。『The Walrus』誌の創刊メンバー。同誌のほか、『Toronto Life』『TORO』『Saturday Night』『CBCarts.ca』『Quill & Quire』『National Post』『The Globe and Mail』などに記事を書いている。デビュー作の犯罪ノンフィクション『Hot Art』はベストセラーとなり、カナダでアーサー・エリス賞とエドナ・シュテブラー賞を受賞。カナダ、アメリカ、韓国で出版され、『Vanity Fair』『Playboy』『Details』などの雑誌でも紹介された。共同編集したアンソロジー『Four Letter Word』は10か国で販売された。トロント在住。

訳　者
田口未和（たぐち・みわ）

上智大学外国語学部卒。新聞社勤務を経て翻訳業に就く。主な訳書にハーラン・ウルマン『アメリカはなぜ戦争に負け続けたのか』（中央公論新社）、ティム・マーシャル『国旗で知る国際情勢』、ドナルド・P・ライアン『古代エジプトの日常生活』、ロバート・ガーランド『古代ギリシアの日常生活』（以上、原書房）、マイケル・フリーマン『デジタルフォトグラフィ』（ガイアブックス）ほか。

装　丁
岡本洋平（岡本デザイン室）

FIREBRAND : A Tobacco Lawyer's Journey
by Joshua Knelman

100%合法だが、健康によくない商品の売り方
——多国籍タバコ企業の弁護士、世界を行く

2024年6月25日　初版発行

著　者　ジョシュア・クネルマン
訳　者　田口未和
発行者　安部順一
発行所　中央公論新社
〒100-8152　東京都千代田区大手町1-7-1
電話　販売 03-5299-1730　編集 03-5299-1740
URL　https://www.chuko.co.jp/

DTP　今井明子
印　刷　大日本印刷
製　本　小泉製本

Published by CHUOKORON-SHINSHA, INC.
Printed in Japan　ISBN978-4-12-005793-9　C0030